Wasserstoff in der Praxis – Band 3

Dekarbonisierung

Harald Petermann / Thomas Schneidewind (Hrsg.)

Wasserstoff in der Praxis – Band 3

Dekarbonisierung

Vulkan Verlag

Bibliografische Information der Deutschen Nationalbibliothek
Die Deutsche Nationalbibliothek verzeichnet diese Publikation in der Deutschen Nationalbibliografie; detaillierte bibliografische Daten sind im Internet über **www.dnb.de** abrufbar.

Wasserstoff in der Praxis – Band 3
Dekarbonisierung
Harald Petermann / Thomas Schneidewind (Hrsg.)
1. Ausgabe 2023

ISBN: 978-3-8027-3183-9 (Print)
ISBN: 978-3-8027-3184-6 (eBook)

Friedrich-Ebert-Straße 55, 45127 Essen, Deutschland
Telefon: +49 201 820 02-0, Internet: www.vulkan-verlag.de

Projektmanagement: Marie-Therese Hanschmann, Vulkan-Verlag GmbH, Essen
Lektorat: Marie-Therese Hanschmann, Vulkan-Verlag GmbH, Essen
Herstellung: Melanie Zöller, Vulkan-Verlag GmbH, Essen
Umschlaggestaltung: Melanie Zöller, Vulkan-Verlag GmbH, Essen
Satz: Schmidt Media Design, München
Titelbild: © NicoElNino / Adobe Stock
Druck: mediaprint solutions GmbH, 33100 Paderborn

Inhalt

Lokale, erneuerbare Ressourcen im Verbund optimal nutzen

Die „Fit for 55" Initiative der Europäischen Union, die mit dem Recast der EPBD, der Revision der RED und der EED nicht nur große Herausforderungen an den Gebäudesektor stellt, wird mit dem aktuellen Referentenentwurf des Gebäudeenergiegesetzes in Deutschland und Europa zu einer grundlegenden Änderung des Wärmemarktes führen.[1] Die Maßnahmen der EU als Reaktion auf den Überfall Russlands auf die Ukraine (REPowerEU) und nationale Anstrengungen konnten für den vergangen, milden Winter 2022/23 eine Energie-Notfalllage verhindern. Die ersten Veränderungen am Wärmemarkt zeichnen sich bereits in den Marktzahlen 2022 ab.

Die nationale Normungsroadmap Wasserstofftechnologien wird, in Verbindung mit den Aktivitäten auf europäischer Ebene, wie z. B. der European Clean Hydrogen Alliance (ECH2A), den Markthochlauf von Wasserstoff unterstützen. Für die Transformation zu einer defossilisierten Wirtschaft ist Wasserstoff als Energieträger, -speicher und Element der Sektorenkopplung ein zentraler Baustein. Das vom Bundesministerium für Wirtschaft und Klimaschutz (BMWK) geförderte Verbundprojekt „Normungsroadmap Wasserstofftechnologien" unterstützt den Wasserstoff-Markthochlauf aktiv und trägt dazu bei, eine entsprechende Qualitätsinfrastruktur für Wasserstofftechnologien aufzubauen.

In diesem veränderten Umfeld muss die Normung für Werkstoffe, Komponenten, Geräte, Prozesse und Systeme weiter vorangetrieben werden, um die Nutzung aller verfügbaren erneuerbaren Ressourcen zu ermöglichen. Der Internationalisierung der Normung, d. h. Koordination der Gremienarbeit zwischen CEN/CENELEC und ISO/IEC, kommt hier eine Schlüsselstellung zu.

Die Nutzung vorhandener Infrastrukturen für alle Märkte kann nur gelingen, wenn entlang der gesamten Wertschöpfungskette alle Bereiche berücksichtigt werden. Erzeugung, Transport, Speicherung und Verteilung (Gasnetzgebietstransformationsplan, GTP) müssen, wie die Verwendung in den Märkten, auf den notwendigen technischen Stand gebracht werden. Der GTP muss komplementär zu Wärme und Elektrizität in die kommunale Wärmeplanung einfließen, damit die verflochtenen Versorgungsstrukturen für alle Märkte weiterhin zuverlässig nutzbar bleiben. Neben der Effizienz der Anlagen ist die Versorgungssicherheit eine grundlegende Voraussetzung für erfolgreiche Industriestandorte. Die lokale Nutzung von erneuerbarer Energie ist nur im Verbund mit einer verlässlichen Infrastruktur möglich. Der „Inselbetrieb" wird auch zukünftig eine Ausnahme sein.

Der Bereich der Nichtwohngebäude mit Raumhöhen über 4 m (Hallen) ist sehr schwer zu dekarbonisieren, daher sollen hier Wärmepumpen gemeinsam mit erneuerbaren Brennstoffen im Bestand und im Neubau eingesetzt werden. Die Nutzung nicht vermeidbarer Abwärme, großer nicht verschatteter Gebäudeflächen und Freiflächen, z. B. Überdachung von Parkplätzen, bietet in vielen Industriegebäuden Möglichkeiten zur Optimierung des Energiebedarfs. Die Speicherung der volatilen Energie kann in begrenztem Umfang in Batterien erfolgen. Langfristige Speicherung wird in chemisch gebundener Form erfolgen. Wasserstoff und seine Derivate sind heute das Mittel der Wahl.

Der regulatorische Rahmen für Genehmigung, Bau und Betrieb von Anlagen zur Nutzung erneuerbarer Energien muss deutlich vereinfacht werden, um die sehr ambitionierten Ziele zur Klimaneutralität und deren Zwischenschritte zu erreichen. Erfolgreiche Leuchtturmprojekte und Reallabore sind notwendig und hilfreich, sie dürfen aber nicht darüber hinwegtäuschen, dass ein Einsatz dieser Technologien in der vollen Breite notwendig ist. Jeder Industriestandort muss in die Lage versetzt werden, die lokalen, erneuerbaren Ressourcen im Verbund optimal zu nutzen.

Harald Petermann
Geschäftsführer Fachbereich Gas
Bundesvereinigung der Firmen im
Gas- und Wasserfach e.V.
Köln

[1] – EPBD: Richtlinie über die Gesamtenergieeffizienz von Gebäuden
– EED: Energieeffizienzrichtlinie
– RED: Erneuerbare-Energien-Richtlinie
– Fit for 55: Ziel der EU, die Netto-Treibhausgasemissionen bis 2030 um mindestens 55 % zu senken

Grüner Wasserstoff: Das Erdöl von morgen

Alle Stahlhersteller in Deutschland haben ihre Weichen in die Zukunft längst gestellt: Sie setzen auf wasserstoffbetriebene Direktreduktionsanlagen statt kohlebetriebene Hochöfen, um im Jahr 2045 das Ziel der Klimaneutralität zu erreichen. Die Unternehmen haben milliardenschwere Investitionsprogramme verabschiedet, um den technischen Wandel finanziell zu forcieren. Zentraler Energieträger für die Stahlproduktion soll dann Wasserstoff sein, der die Steinkohle ersetzen wird. Wasserstoff dient zukünftig nicht nur als Reduktionsmittel, auch kann er Erdgas in Wärmebehandlungsprozessen ersetzen. Ein entscheidendes Problem gilt es jedoch zu lösen: Bis heute fehlt Wasserstoff in ausreichenden Mengen – insbesondere die Produktionskapazitäten für grünen Wasserstoff sind nicht in großem Umfang vorhanden. Zwar ist technisch vieles machbar und zahlreiche Forschungsinstitute untersuchen den flüchtigen Hoffnungsträger H_2 bis ins kleinste Detail. Doch lässt der Hochlauf der Wasserstoffwirtschaft weiter auf sich warten. Die Bundesregierung fördert zwar in großem Stil verschiedene Projekte und auch die Europäische Union unterstützt Unternehmen im Rahmen des Programms „Important Project of Common European Interest (IPCEI Wasserstoff)". Jedoch hat sich die politische Agenda durch den russischen Angriffskrieg auf die Ukraine verändert. Die Energiepolitik ist heute geprägt von Krisenmanagement. Deutschland bezieht kein Gas mehr aus Russland – und die Sabotage der Nord-Stream-Pipeline ist ein politisch motivierter Anschlag auf den europäischen Energiemarkt mit dem Ziel, die Energieversorgung weiter zu destabilisieren. Heute leidet Europa unter der größten Krise im Energiesektor seit dem Zweiten Weltkrieg – nur die Ölpreiskrise in den 70er-Jahren hatte ein ähnliches Ausmaß.

Daraus lässt sich nur ein Schluss ziehen: Deutschland muss energiepolitisch unabhängiger werden. Im Jahr 2023 ist der Ausbau der Wasserstoffwirtschaft wichtiger als je zuvor. Denn die Energiekrise bedroht energieintensive Unternehmen in ihrer Existenz. Unternehmer müssen kurzfristig Lösungen finden, um den Kostenschock abzufedern und dies mit Blick auf das langfristige Ziel der Dekarbonisierung. Bis 2040 müssen die Treibhausgase um 88 % gemindert und bis 2045 Treibhausgasneutralität verbindlich erreicht werden. Deshalb investieren viele Unternehmen in grüne Technologien. Was zu einem weiteren Kapazitätsproblem jenseits der Wasserstoffproduktion führt: Der metallurgische Anlagenbau kann schon heute nicht alle Anfragen der Kunden aus der Stahlindustrie zeitnah abarbeiten. Es fehlen sowohl Material als auch Fachkräfte für den geplanten Umbau der Industrie.

Alle diese Faktoren sind ein typisches Zeichen für jeden Strukturwandel. Beim grünen Wasserstoff erleben wir derzeit den klassischen Ketchup-Effekt: Man haut hinten auf die Flasche – und vorne kommt nichts raus, irgendwann aber plötzlich sehr viel auf einmal. Deshalb ist eines sicher: Grüner Wasserstoff ist das Erdöl von morgen – denn der Hochlauf der Wasserstoffwirtschaft wird sehr bald gelingen und mit Macht den Energiemarkt verändern.

Wie der Wandel technisch gelingen kann und was die Dekarbonisierung für Unternehmen konkret bedeutet, lesen Sie in diesem Buch. Wir haben verschiedene Beiträge zusammengestellt, wie Wasserstoff in der Thermoprozesstechnik eingesetzt werden kann und welche Herausforderungen es noch zu bewältigen gilt. Dieses Buch soll Ihnen dabei helfen, die Transformation Ihres Unternehmens zu gestalten. Ich wünsche Ihnen eine aufschlussreiche Lektüre.

Thomas Schneidewind
Chefredakteur PROZESSWÄRME
Vulkan-Verlag GmbH
Essen

Thermische Wasserstoffnutzung als industrielle Schlüsseltechnologie

Sven Gose

Schlagwörter: Schifffahrt, Chemiebranche, Automobilproduktion, Flüssigwasserstofftanker, Feuerungstechnik

Wasserstoffverbrennung ist eine vielversprechende Technologie, die das Potenzial hat, die Art und Weise, wie Energie erzeugt und genutzt wird, zu revolutionieren. Wasserstoff ist eine saubere Ressource, denn bei seiner Verbrennung entstehen nur Wasser und, in geringem Umfang, Stickoxide als Nebenprodukte. Das macht ihn zu einer attraktiven Alternative zu fossilen Brennstoffen, die bei der Verbrennung schädliche Treibhausgase erzeugen. Wie jede Technologie birgt jedoch auch die Wasserstoffverbrennung eine Reihe von Herausforderungen, die ein sorgfältiges und angepasstes Design der Brenner erfordern. Aber diese Herausforderungen, die einer H_2-basierten industriellen Wärmeerzeugung im Wege stehen könnten, sind bekannt. In diesem Artikel werden Lösungen für die thermische Wasserstoffnutzung vorgestellt und einige Praxisbeispiele gezeigt.

Thermal hydrogen utilization as a key industrial technology

Hydrogen combustion is a promising technology that has the potential to revolutionize the way energy is generated and used. Hydrogen is a clean resource because its combustion produces only water and, to a lesser extent, nitrogen oxides as by-products. This makes it an attractive alternative to fossil fuels, which produce harmful greenhouse gases when burned. However, like any technology, hydrogen combustion presents several challenges that require careful and adapted burner design. But these challenges, which could stand in the way of H_2-based industrial heat generation, are well known. In this article, solutions for thermal hydrogen utilization are presented and some practical examples are shown.

Über die energetische Nutzung von Wasserstoff wird seit längerem intensiv diskutiert – seit den jüngsten Ereignissen im Energiesektor wird ein verstärktes Augenmerk darauf gerichtet. Insbesondere bei den Diskussionen um ein CO_2-freies europäisches Energiesystem spielt Wasserstoff als Speichermedium eine zentrale Rolle. Allerdings gehen bislang viele Experten davon aus, dass dieser Energieträger erst nach 2030 wirklich relevant wird. Bis dahin werden demnach in diversen Pilotprojekten Erfahrungen gesammelt und Grundlagen geschaffen. Tatsächlich sind die Herausforderungen vielfältig: sowohl in der Erzeugung als auch in der Verteilung und Nutzung von Wasserstoff müssen große Anstrengungen unternommen werden.

Die CO_2-frei (und damit „grün“) erzeugte Menge von Wasserstoff ist gegenwärtig noch nicht ausreichend, um von echtem Nutzen zu sein. Jedoch hat sich die Europäische Union aufgrund der jüngsten geopolitischen Ereignisse und der Forderung nach CO_2-neutralen Energien ein konkretes Ziel gesetzt: Bis 2030 sollen zehn Millionen Tonnen erneuerbarer Wasserstoff bei einer Elektrolyseleistung von 40 Gigawatt erzeugt werden. Die Herstellung muss mit dem kontinuierlichen Ausbau von erneuerbaren Energiequellen zusammenfallen, damit CO_2-neutraler Wasserstoff verfügbar wird.

Damit wäre die Ressource verfügbar, dann muss sie noch verteilt werden. Für die innereuropäische Verteilung über mittlere Distanzen bieten sich Pipelines an. So gibt

Tabelle 1: Verbrennungstechnische Kennzahlen von Erdgas H und Wasserstoff

Eigenschaft	Erdgas H	Wasserstoff
Unterer Heizwert H_i	35,82 MJ/m^3	10,82 MJ/m^3
Normdichte ρ_n	0,78 kg/m^3	0,09 kg/m^3
Unterer Wobbe-Index W_i	46,1MJ/m^3	40,98 MJ/m^3
Adiabate Verbrennungstemperatur T_{ad}	2.044 °C	2.252 °C
Laminare Flammengeschwindigkeit	0,39 m/s	2,81 m/s
Luftbedarf	9,55 m^3_{Luft}/m^3_{BS}	2,83 m^3_{Luft}/m^3_{BS}
	959,8 m^3_{Luft}/h/MW	791,9 m^3_{Luft}/h/MW

es in Deutschland seit Jahrzehnten Pipelines, die 100 % Wasserstoff befördern. Es gibt Überlegungen, künftig ein separates Pipelinenetz zu betreiben oder bis zu 20 Volumen- % Wasserstoff dem deutschen Erdgasnetz beizumischen. Ein großer Teil des deutschen Erdgasnetzes wäre perspektivisch für diese Art des Wasserstofftransports nutzbar. Auch für den Transport über größere, weltweite Entfernungen, z. B. per Tanker, sind Lösungen vorhanden, die den Nachteil der geringen Dichte des Wasserstoffs ausgleichen: Ein Ansatz ist es, Wasserstoff auf -252 °C abzukühlen und damit in flüssigem Aggregatzustand zu transportieren. Ein anderer Ansatz ist es, Wasserstoff in Ammoniak (NH_3) gebunden zu transportieren. Letzterer Weg ist schon seit Jahrzehnten im Haber-Bosch-Verfahren großtechnisch bekannt und bewährt.

Herausforderungen bei der thermischen Nutzung von Wasserstoff

Die thermische Nutzung von Wasserstoff an Wasserrohr- oder Großwasserraumkesseln ist keine gänzlich neue Technik.

Beim Vergleich der wichtigsten verbrennungstechnischen Kennzahlen zwischen Erdgas H und Wasserstoff (siehe **Tabelle 1**) fällt zunächst auf, dass der Wobbe-Index

$$W = H/\sqrt{\rho/\rho_L}$$

der beiden Gase nah beieinander liegt. Dabei sind H der Heizwert des Gases, ρ die Gasdichte und ρL die Dichte von trockener Luft.

Damit ist eine wesentliche Voraussetzung für die Austauschbarkeit von Erdgas H und Wasserstoff gegeben, denn der gasseitige Druckbedarf für die technische Verbrennung von Wasserstoff ist bei gleicher Leistung ähnlich. Damit können einige Anlagenkomponenten sowohl für Erdgas H als auch Wasserstoff genutzt werden.

Die größten technischen Herausforderungen bei der thermischen Nutzung von Wasserstoff sind:

- Erhöhter Verschleiß durch hohe Temperaturen und hohe Flammengeschwindigkeit
- NO_X-Emissionen durch hohe Verbrennungstemperaturen
- Kondensation durch hohen Abgastaupunkttemperaturen
- Flammenüberwachung aufgrund des geänderten Strahlungsverhaltens der Flamme
- Eine für den Wasserstoffbetrieb geeignete Steuerung.

All diesen Aspekten können jedoch feuerungstechnische Lösungen gegenübergestellt werden, die teilweise ineinandergreifen und sich ergänzen. Technische Herausforderungen an einen Wasserstoffbrenner sind die erhöhte adiabate Verbrennungstemperatur und die hohe Flammengeschwindigkeit (siehe **Tabelle 1**). Diese Kombination sorgt für eine hohe Belastung der Bauteile in Düsennähe, woraus sich besondere Anforderungen ergeben, damit die Standzeit der Brenner nicht reduziert wird. Um dem Verschleiß entgegenzuwirken, ist es ratsam, die Flammentemperatur zu senken, beispielweise durch eine externe Abgasrezirkulation. Auf diese Weise werden Verdünnungseffekte erzielt und die Flamme wird gekühlt. Konstruktionsseitig sollten besondere, hitzebeständige Materialien verwendet werden, die den erhöhten Temperaturen standhalten. Das wichtigste Kernelement ist jedoch, dass mit einem speziellen Brenner- und Gasdüsendesign die thermische Belastung durch möglichst hitzeferne Anordnung der Komponenten minimiert wird, sodass dort keine erhöhten Temperaturen an den Bauteilen auftreten können.

Die hohen NO_X-Emissionen, die als Folge der hohen Temperaturen entstehen, lassen sich bis zu einem gewissen Grad durch das Brennerdesign reduzieren. Als weiteres wirksames Mittel zur Reduzierung hat sich auch hier die externe Abgasrezirkulation herausgestellt, mit der es gelungen ist, das Emissions-Niveau von Low-NO_X-Erdgasbrennern zu erreichen.

Ein positiver Nebeneffekt, der sich insbesondere für das Nachrüsten von Wasserstoffbrennern an Bestandskesseln ergibt, ist der geringere Luftbedarf der Wasserstoffverbrennung. Der verringerte Luftbedarf pro MW im H_2-Betrieb im Vergleich zum Erdgas-Betrieb sorgt dafür, dass weniger Luft den Kessel durchströmt. Die dadurch veränderte Wärmeübertragung innerhalb des Kessels wird durch die Abgasrezirkulation wieder ausgeglichen, wodurch die Kesselbelastung für die Erdgas- bzw. Wasserstoffverbrennung vergleichbar ist.

Das Abgas hat aus naheliegenden Gründen einen hohen Wasseranteil, die Taupunkttemperatur liegt bei minimal 71 °C. Dies kann, insbesondere im Anfahrbetrieb, dazu führen, dass sich in den Abgasleitungen Kondensat sammelt. Wenn eine externe Abgasrezirkulation verwendet wird, muss darauf geachtet werden, dass die Taupunkttemperatur nach der Einmischung in die Verbrennungsluft nicht unterschritten wird. Die Folge wären auch hier Kondensatbildung, die neben der Wasseransammlung auch zu einer eingeschränkten Funktion der optischen Flammfühler durch die Bildung von Nebel führen kann. Dieses Problem lässt sich jedoch unter anderem durch eine moderate Erhöhung der Verbrennungslufttemperaturen recht einfach lösen.

Bei der Umrüstung von Erdgas- zu Wasserstoffverbrennung muss auch die Flammenüberwachung berücksichtigt werden, welche die Anlage aus Sicherheitsgründen im Falle einer erlöschenden Flamme abschaltet. In der Tat sind die gängigen auf Ionisation beruhenden Flammendetektoren nicht für 100 % H_2 geeignet, für Erdgas/H_2-Mischungen jedoch schon. Eine Lösung sind UV-Flammenüberwachungseinrichtungen, welche auf der Detektion von elektromagnetischer Strahlung basieren. Die im sichtbaren Bereich nur schwach leuchtende bis transparente Wasserstoffflamme (vgl. **Bild 1**) kann damit überwacht werden. Die UV-Strahlung wird hierbei von OH-Radikalen, die bei der Wasserstoffverbrennung entstehen, emittiert.

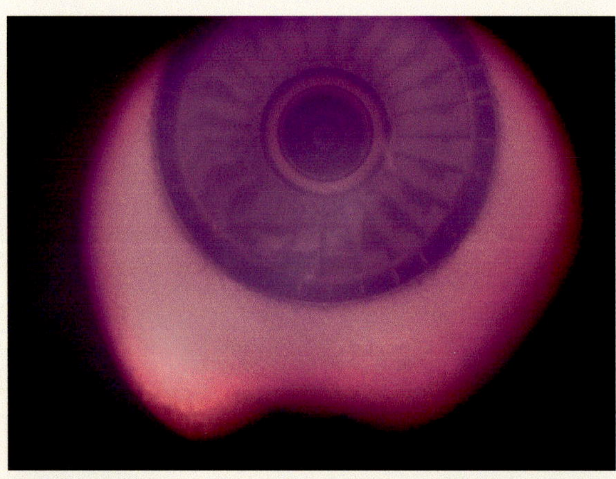

Bild 1: Die bläulich-transparente H_2-Flamme einer Feuerungsanlage von SAACKE – für das menschliche Auge sind diese schimmernden Flammen oft nur schwer zu erkennen. (Quelle: © SAACKE GmbH, 2023)

Auch die Brennersteuerung muss angepasst werden, um einen sicheren Betrieb zu gewährleisten, insbesondere im variablen Mischbetrieb mit Erdgas müssen die Luftbedarfe der Brennstoffe berücksichtig werden.

Nicht zuletzt müssen die verwendeten Materialien und Komponenten für Wasserstoff geeignet sein. Insbesondere Dichtungsmaterialien und Armaturen müssen jederzeit die technische Dichtheit gewährleisten.

Thermische Nutzung von Wasserstoff in Industrie und Schifffahrt

All diese Erkenntnisse basieren sowohl auf spezifischen Tests als auch auf konkreten Langzeiterfahrungen aus der Industrie und der Schifffahrt. Wie die technischen Lösungen eingesetzt werden und teils Hand in Hand gehen, zeigen nachfolgend einige Projektbeispiele.

Bild 2: Einer der drei SAACKE SKVGD-Wasserstoffbrenner im Einsatz beim Spezialchemikalienunternehmen. (Quelle: © SAACKE GmbH, 2023)

Abfallprodukt Wasserstoff in der Chemiebranche thermisch verwerten

Bei einem Chemieunternehmen aus Nordrhein-Westfalen fällt im Rahmen der Chloralkali-Elektrolyse auch Wasserstoff als überschüssiges Nebenprodukt an. Bereits seit den 1990er Jahren rüstet der Konzern daher sukzessive seine Prozessdampferzeugung auf H_2-Kompatibilität um. Mit Anlagenmodernisierungen wie der hier beschriebenen, die im Jahr 2019 durchgeführt wurde, lässt sich der (Abfall-)Wasserstoff nutzen und dem Wärmebedarf des Elektrolyse-Prozesses wieder zurückführen, statt fossiles Erdgas als Primärbrennstoff einzusetzen. Damit spart der Betreiber über 500 m^3 Erdgas pro Stunde.

Zum Einsatz kommen drei Wasserstoffbrenner (**Bild 2**), die sowohl für flüssige als auch gasförmige Sonderbrennstoffe geeignet sind. Sie sind mit einer maximalen Leistung von 4,3 bis 7,6 MW (je nach Kesselgröße) an drei Dampfkesseln installiert. Die oben angesprochene externe Abgasrezirkulation wurde in diesem Fall mit einem separaten Gebläse ausgestattet und gewährleistet seitdem Emissionen auf Erdgas-Niveau.

Damit ist die Anlage nicht nur konform mit der 44. Bundesimmissionsschutzverordnung über mittelgroße Feuerungs-, Gasturbinen- und Verbrennungsmotoranlagen, sondern unterschreitet diese Grenzwerte sogar deutlich. In Performance-Tests konnte gezeigt werden, dass, je nach Intensität der Abgasrezirkulation, die NO_x-Emissionen weiter bis auf unter 60 mg/m^3 sinken können (**Diagramm 1**).

Zur Erhöhung der Standzeit wurden die Bauteile in Flammennähe aus hitzebeständigen Stählen gefertigt, und es wurde ein spezielles Gaseindüsen-Design verwendet. Des Weiteren wurde eine hochentwickelte Steuerung eingesetzt, mit der auch Mischungen der beiden Gase verbrannt werden können.

Weitere Wasserstoff-Lösung: Dekarbonisierung der Automobilproduktion

Im Oktober 2022 erreichte das BMW Group Werk Leipzig einen wichtigen Meilenstein auf dem Weg zur Dekarbonisierung der Produktion. Die Feuerungstechnik an einer bestehenden Lackierstraße wurde hierfür innerhalb weniger Monate von Erdgas auf Wasserstoff umgestellt. Die Herausforderung bestand darin, die Form, also die Länge und Breite der Flamme sowie die Temperaturverteilung in selbiger, an die vorhandenen Gegebenheiten anzupassen. Nach intensiven CFD-Simulationen folgten Konzeption und Fertigung eines Prototypen, der zunächst umfangreich im Technikum getestet und dann beim Betreiber installiert wurde.

In den nächsten Jahren sollen sukzessive weitere H_2-Brenner am Standort installiert werden. Es ist auch eine Wasserstoff-Pipeline in Planung, die das Werk in den nächsten Jahren mit grünem Wasserstoff versorgen soll.

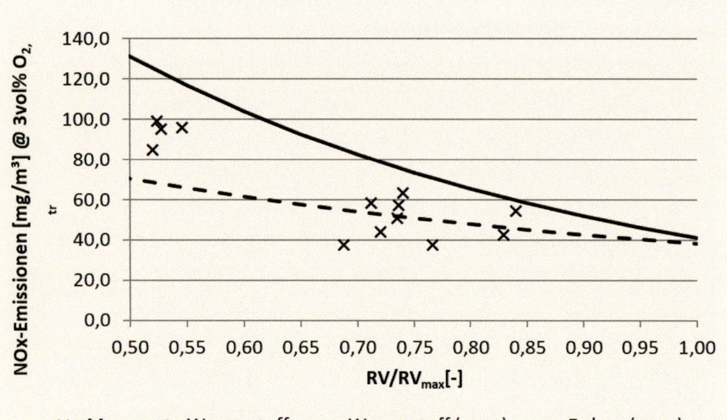

Diagramm 1: NO_x-Emissionen in Abhängigkeit vom Rezirkulationsverhältnis (RV) und bezogen auf das maximal zulässige Rezirkulationsverhältnis für diesen Brennertyp. (Quelle: © SAACKE GmbH, 2023)

100 % Wasserstoff oder variable Feuerung im Mischbetrieb in Polen

Eine weitere Anlage mit 10,5 MW Feuerungsleistung wurde 2022 bei einem polnischen Chemieunternehmen auf grauen Wasserstoff umgerüstet. Der SAACKE-Brenner kann sowohl mit 100 % H_2 als auch im Mischbetrieb mit Erdgas als Backup-Brennstoff in verschiedenen Mischungsverhältnissen gefahren werden. Über den gesamten Regelbereich von 1:5 wurden im Regelbetrieb NO_x-Emissionen von unter 60 mg/m³ erzielt. Um eine Kondensation zu unterbinden, wird die Verbrennungsluft moderat vorgewärmt.

Die Kesselleistung von 15 t/h Dampf ergab sich aus der Menge des Wasserstoffs, der zur Verfügung stand. Die Gesamtinvestition amortisierte sich in etwa innerhalb eines Jahres. Die CO_2-Emissionen des Betriebs wurden deutlich gesenkt.

Diese Beispiele zeigen, wie groß das Interesse und der Nutzen in diversen Industriebereichen an Land ist. Ähnlich verhält es sich mit der Schifffahrt – auch hier ist Wasserstoff für thermische Prozesse von Interesse.

Bild 3: Die von SAACKE patentierte Gas Combustion Unit zur Verbrennung von Boil-Off-Gasen. (Quelle: © SAACKE GmbH, 2023)

Weltweit erster Flüssigwasserstofftanker

Im Dezember 2019 wurde in Japan der erste Flüssigwasserstofftanker der Welt auf den Namen „Suiso Frontier" getauft. Er soll zeigen, wie ein reibungsloser Ablauf einer internationalen Wasserstoff-Energieversorgungskette von der Herstellung über den Transport bis zur Nutzung funktionieren kann. Dabei wird in Australien hergestellter und verflüssigter Wasserstoff erfolgreich verwendet.

Flüssiger Wasserstoff besitzt nur noch 1/800 des Volumens von gasförmigem Wasserstoff. Zur Verflüssigung muss er auf eine Temperatur von unter -252 °C heruntergekühlt werden. Trotz einer starken Isolierung der Ladetanks gelangen stets geringe Wärmemengen in die Tanks und führen zu einer Verdampfung des Wasserstoffs. Dieses sogenannte Boil-Off-Gas ist insbesondere auch bei den Bewegungen auf einem Schiff unvermeidlich und muss sicher aus den Tanks abgeleitet werden, um einen unzulässigen Druckanstieg zu verhindern.

Anstatt einer Fackel werden auf Schiffen GCUs (Gas Combustion Units) verwendet (**Bild 3**). Sie verbrennen das überschüssige Boil-Off-Gas vollständig und mit höchster Verfügbarkeit.

Die auf der Suiso Frontier installierte GCU verfeuert das Boil-Off-Gas komplett bei einem Gasdruck von 0,15 bar. Sie wurde nach den Vorschriften und unter Aufsicht der japanischen Klassifikationsgesellschaft gebaut, wobei der Schwerpunkt darauf lag, dass der flüssige Wasserstoff nachweislich genauso sicher transportiert werden kann wie verflüssigtes Erdgas.

Da die Herausforderungen für den weltweiten Transport von tiefgekühltem, verflüssigtem Wasserstoff hoch sind, wird derzeit auch eine andere Variante in Betracht gezogen: Der seit Jahrzehnten betriebene Transport von Ammoniak (NH_3), welches durch das Haber-Bosch-Verfahren aus Wasserstoff und Luftstickstoff hergestellt wurde. Auf diese Weise soll der ab 2025 geplante Wasserstofftransport aus Canada gelingen. Eine interessante Überlegung ist, ob zukünftig das angelieferte Ammoniak direkt oder in Kombination mit Wasserstoff zu verfeuern ist. Auch hierzu laufen aktuell erste Tests und Projekte.

Fazit: Feuerungstechnik ist „H_2-ready" und benötigt politische wie wirtschaftliche Rahmenbedingungen

Die Nutzung von Wasserstoff in Feuerungssystemen ist keine neue Technologie. Allein bei der Firma SAACKE gab es in den letzten 40 Jahren etwa 70 Referenzanlagen, bei denen die Nutzungsmöglichkeiten von Wasserstoff in der Feuerungstechnik nachgewiesen wurde. Die industrielle thermische Nutzung von Wasserstoff mit Brennern ist somit insbesondere an Kesseln langjährig erfolgreich erprobt.

Bislang gibt es allerdings noch keine standardisierten Systeme, die als Serienprdukt geliefert werden können. Allen genannten Wasserstoff-Projekten ging ein intensiver Austausch mit den Betreibern und eine umfassende Beratungsphase voraus, in der die örtlichen Gegebenheiten und Bedürfnisse genau in Augenschein genommen wurden und mit dem Betreiber ein stimmiges Gesamtkonzept erarbeitet wurde.

Zusammenfassend lässt sich sagen, dass das größte Problem bei der thermischen Nutzung von Wasserstoff die ausreichende Verfügbarkeit von (grünem) Wasserstoff ist. Hier steht Europa erst am Anfang. Die erforderliche Infrastruktur in Erzeugung, Speicherung und Transport muss geschaffen werden. Dafür müssen erhebliche Investitionen aus öffentlicher und privater Hand fließen. Es müssen intelligente Rahmenbedingungen geschaffen werden, damit sich Investitionen in die Wasserstoffinfrastruktur rechnen und die Energiewende gelingen kann. So kann die thermische Wasserstoffnutzung als industrielle Schlüsseltechnologie schon vor den 2030er-Jahren eine relevante Rolle spielen.

Infokasten Wasserstoff-Arten

Grauer H_2:
Produkt der Dampfreformierung von Erdgas (hierbei fallen CO_2-Emissionen an); derzeit global etwa 90 % des für industrielle Zwecke erzeugten Wasserstoffes.

Blauer H_2:
Wasserstoffgewinnung aus Erdgas und anschließende unterirdische/unterseeische Deponierung bzw. Lagerung des CO_2 (CCS-Technologie).

Grüner H_2:
Gewonnen durch (vergleichsweise teure) Elektrolyse/Power-to-Gas-Verfahren auf Basis erneuerbarer Energien.

Autor

Dipl-.Ing. **Sven Gose**
Leitung Entwicklung / Verfahrenstechnik
SAACKE GmbH

H_2-basierte Stahlherstellung

Alexander Redenius, Martin Zappe

Stahlerzeugung, Dekarbonisierung, Primärstahlherstellung, direkt-reduziertes Eisen, Wasserstoff, Erdgas, Direktreduktionstechnologie

Um eine signifikante Dekarbonisierung der Primärstahlherstellung zu erreichen, nutzt die Salzgitter AG ein Alleinstellungsmerkmal der Eisenmetallurgie: Wasserstoff kann bei der Eisenerzreduktion Kohlenstoff ersetzen, was zur Bildung von Wasser (H_2O) anstelle von Kohlendioxid (CO_2) führt. Dazu hat die Salzgitter AG 2015 das SALCOS®-Programm (SALzgitter CO_2-reduzierte Stahlherstellung) entwickelt, das in diesem Artikel mitsamt der dazugehörigen Verfahren, Konzepte und Herausforderungen vorgestellt wird.

H_2-based steelmaking

To achieve significant decarbonization of primary steel production, Salzgitter AG is exploiting a unique selling point of iron metallurgy: hydrogen can replace carbon in iron ore reduction, resulting in the formation of water (H_2O) instead of carbon dioxide (CO_2). To this end, Salzgitter AG developed the SALCOS® program (SALzgitter Low CO_2 Steelmaking) in 2015, which is presented in this article along with the associated processes, concepts and challenges.

Stahlproduktion

Etwa 60 % der Rohstahlproduktion in Europa werden heute über die Primärstahlerzeugung, die konventionelle Hochofen-Konverter-Route, hergestellt. Die restliche Produktionsmenge entfällt auf die schrottbasierte Sekundärstahlerzeugung über Elektrolichtbogenöfen (im Englischen „Electric Arc Furnace (EAF)"). Die Sekundärstahlerzeugung basiert zu 100 % auf Stahlschrott, der in einem EAF mit elektrischer Energie eingeschmolzen wird. Aufgrund des Einsatzes von Schrott können die Anwendungsbereiche eingeschränkt sein. Darüber hinaus muss die begrenzte Verfügbarkeit von geeignetem Schrott berücksichtig werden. Trotz der sehr guten Recyclingeigenschaften von Stahl wird auch in Zukunft eine nachhaltige CO_2-arme Primärstahlproduktionsroute notwendig sein.

Die konventionelle Primärstahlerzeugung in einem integrierten Stahlwerk umfasst verschiedene Produktionsanlagen. In der Kokerei wird die Kohle in Koks umgewandelt. Eine Erz-Feinfraktion wird in der Sinteranlage zu stückigem Sinter zusammengebacken. Diese beiden Prozesse sind notwendig, um stückiges Einsatzmaterial für den Hochofen zu erhalten, der im Gegenstromprinzip arbeitet und daher durchströmbar sein muss. Das Einsatzmaterial des Hochofens (im Englischen „Blast Furnace (BF)"), die sogenannte „Möllerung", bestehend aus Sinter, Pellets, Eisenerz und Zusatzstoffen, wird von oben schichtweise mit Koks in den BF eingebracht. Der Koks dient der Reduktion des sauerstoffhaltigen Eisenerzes, d. h. der Gewinnung von metallischem Eisen aus dem Eisenoxid. Von unten dringt Heißwind in den BF ein. Es findet ein allmählicher Massen- und Wärmeaustausch statt, sodass die eisenhaltigen Einsatzstoffe nach und nach reduziert und geschmolzen werden. Das geschmolzene Roheisen und die Schlacke werden regelmäßig abgestochen und getrennt. Das flüssige Roheisen wird im nächsten Schritt im Sauerstoffeinblas-Konverter (im Englischen „Basic Oxygen Furnace (BOF)") zu Rohstahl „aufgefrischt". Der „Frischen"-Prozess ist ein Sauerstoffaufblasverfahren, bei dem technisch reiner Sauerstoff auf das Bad geblasen wird. Diese Verbrennungsreaktion ist stark exotherm. Die überschüssige Wärme wird durch den Einsatz von etwa 20 % Kühlschrott reduziert. In den nachfolgenden Behandlungen wird der Stahl entsprechend der gewünschten Zielqualität weiter veredelt und legiert. Die wesentlichen Elemente der konventionellen Hochofenroute sind im oberen Teil von **Bild 1** dargestellt.

Erstveröffentlichung

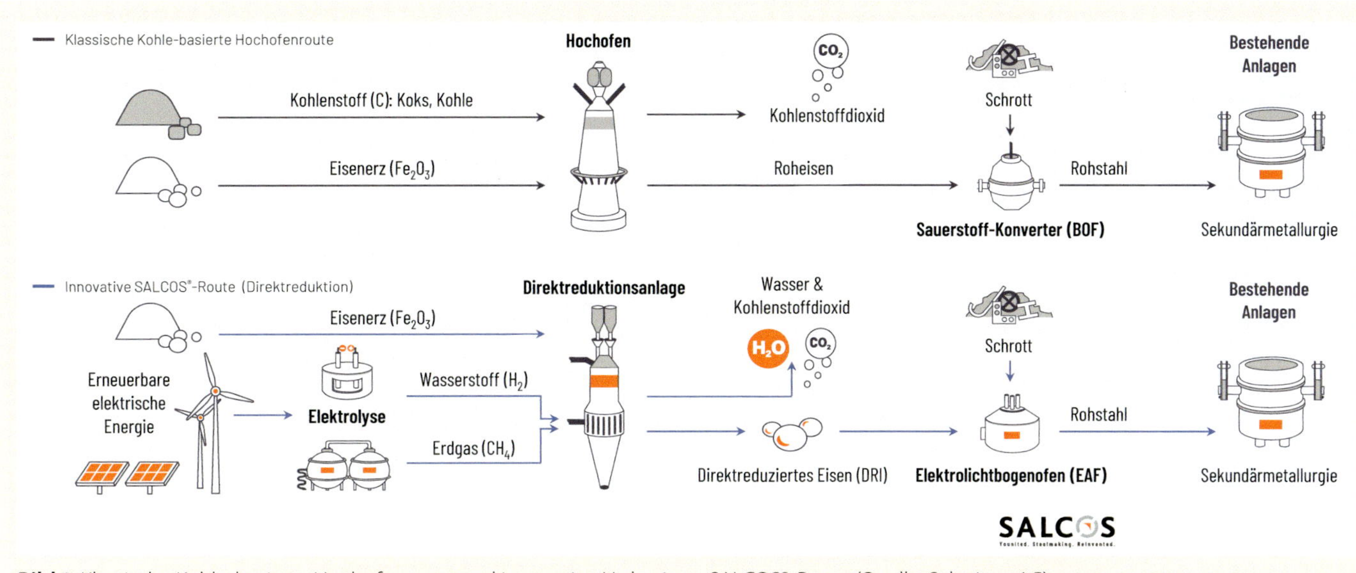

Bild 1: Klassische Kohle-basierte Hochofenroute und innovative H_2-basierte SALCOS®-Route (Quelle: Salzgitter AG)

SALCOS®

Der untere Teil der Abbildung stellt das SALCOS®-Konzept dar. Für eine signifikante Dekarbonisierung der Primärstahlherstellung will die Salzgitter AG ein Alleinstellungsmerkmal der Eisenmetallurgie nutzen: Wasserstoff kann bei der Eisenerzreduktion Kohlenstoff ersetzen, was zur Bildung von Wasser (H_2O) anstelle von Kohlendioxid (CO_2) führt. Dazu hat die Salzgitter AG 2015 das SALCOS®-Programm entwickelt – SAlzgitter Low CO_2-Steelmaking. Die große Stärke von SALCOS® liegt in der Nutzung, Anpassung und Integration bestehender Technologien, um deren technologischen Reifegrad für eine kurzfristige Umsetzung zu nutzen und damit auch zukünftigen Herausforderungen gerecht zu werden. Dies bietet die Möglichkeit, direkt großtechnische Anlagen einzusetzen und die Notwendigkeit langwieriger Studien im Labormaßstab zu vermeiden. So kann bereits im Hinblick auf die anspruchsvollen Klimaziele eine schnelle und signifikante Minderung der CO_2-Erzeugung und somit des CO_2-Ausstoßes erreicht werden.

Das SALCOS®-Konzept stützt sich auf erneuerbare Energien und ein flexibles Reduktionsgasgemisch aus Erdgas und grünem Wasserstoff. Der Wasserstoff wird in einer Wasserelektrolyse erzeugt und in dem Direktreduktionsverfahren „ENERGIRON ZR" der Firma Tenova gemeinsam mit Erdgas eingesetzt. Reine Erdgas-basierte Direktreduktionsanlagen (im Englischen „Direct Reduction Plant (DRP)") werden bereits weltweit in großem Maßstab betrieben, insbesondere dort, wo Erdgas vergleichsweise günstig zur Verfügung steht, wie z. B. im Mittleren Osten, Nordamerika und Mexiko. Weltweit wurden 2021 rund 102,8 Mio. t direkt-reduziertes Eisen (im Englischen „Direct Reduced Iron (DRI)") pro Jahr produziert (Worldsteel, 2022). Ohne große Anpassungen kann die heute industriell etablierte DR-Technologie auf einen Betrieb mit großen Anteilen an Wasserstoff umgestellt werden. Damit wird SALCOS® einerseits dazu beitragen, die Nachfrage nach grünem Wasserstoff zu steigern und damit den Markt dafür zu etablieren, zum anderen ist die DRP-Flexibilität ein Schlüsselpunkt für eine effiziente Sektorenkopplung und ein unterstützendes Element der Energiewende.

Zu Beginn wird der SALCOS®-Direktreduktionsprozess mit hauptsächlich Erdgas und einem geringen Anteil an Wasserstoff betrieben. Der Wasserstoffanteil kann, soweit verfügbar und wirtschaftlich sinnvoll, mit der gleichen Ausrüstung kontinuierlich auf bis zu 100 % erhöht werden.

Die schrittweise Umstellung der integrierten Stahlerzeugung in Salzgitter auf eine mit Wasserstoff angereicherte DRP-/EAF-Produktion ist in drei Stufen geplant (**Bild 2**), wobei SALCOS® die konventionelle BF-/BOF-Route kontinuierlich durch die neue DRP-/EAF-Route ersetzen wird.

Für die wachsende Wasserstoffindustrie ist die SALCOS®-Transformation eine große Chance auf Synergien. Die Wasserstoffindustrie wird den grünen Wasserstoff zu Beginn nur nach Verfügbarkeit des Stroms aus erneuerbaren Quellen erzeugen und bereitstellen können. Der in industriellem Großmaßstab für SALCOS® notwendige Wasserstoff soll über Langzeitliefervereinbarungen sowohl regional als auch überregional erzeugt und beschafft werden. Dies macht eine Umwidmung der Erdgasinfrastruktur in Form von Pipelines unabdingbar.

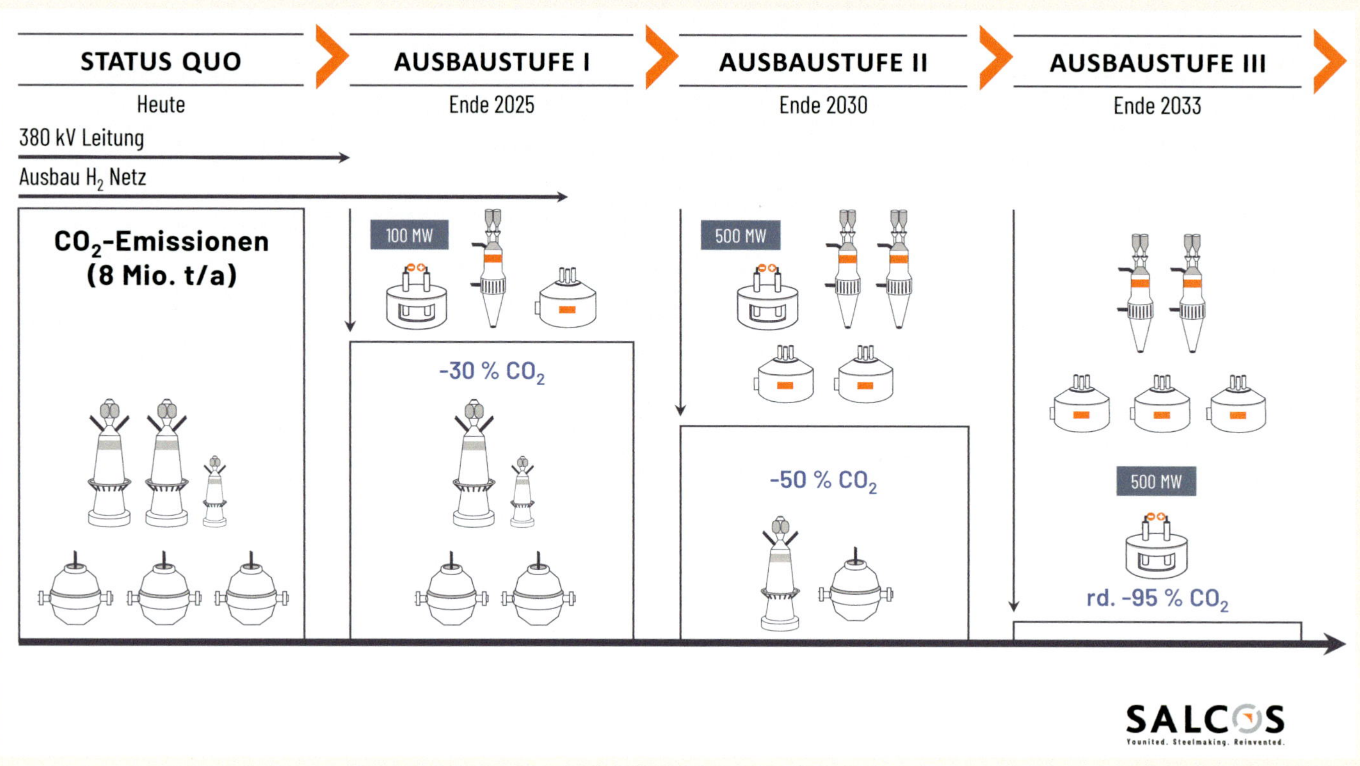

Bild 2: Stufenweise Transformation der Primärstahlproduktion in Salzgitter (Quelle: Salzgitter AG)

Die damit einhergehende Folge von nicht hochreinem Wasserstoff und fluktuierenden Mengen kann aufgrund des flexiblen Verfahrens nutzerseitig bei SALCOS® gut eingesetzt und mit Erdgas ergänzt werden.

Bewertung verschiedener Verfahrensalternativen

Der TRL (Technology Readiness Level) ist eine Methode zur Einschätzung des Reifegrads von Technologien. Der Reifegrad wird nicht nur durch den Entwicklungsstand der Technologie, sondern auch durch ihren Einsatz charakterisiert.

Roland Berger hat das Potenzial und die Zukunftsaussichten verschiedener Optionen der CO_2-armen Stahlerzeugung bewertet und dabei eine für die kurz- bis mittelfristige Umsetzung am besten geeignete Route identifiziert: die Stahlerzeugung über eine H_2-basierte Direktreduktionsroute wie SALCOS. Diese Route bietet den höchsten Grad an technologischer Reife (TRL geschätzt 8-9) und eine kurzfristige Brownfield-Implementierungsfähigkeit mit vergleichsweise wettbewerbsfähigen CAPEX- und OPEX-Anforderungen.

Die Realisierung von Carbon-Capture and Usage/Storage (CCUS)-Optionen (TRL geschätzt 5-7) ist mit höheren Entwicklungskosten verbunden, benötigt deutlich mehr Entwicklungszeit und hat eine deutlich geringere öffentliche Akzeptanz. Alle alternativen Direktreduktionsverfahren, Plasmadirektstahlerzeugung oder elektrolytische Verfahren (TRL zwischen 2 und 7), befinden sich mehr oder weniger in einem frühen Entwicklungsstadium und benötigen bis zu 20 Jahre und mehr, um industriell einsetzbar zu sein. Dies erschwert auch die Bewertung der ausgewählten Kriterien [1].

ENERGIRION-Verfahren

Die Anfänge der Tenova-Direktreduktionstechnologie gehen auf das Jahr 1957 zurück, als die weltweit erste kommerziell erfolgreiche Direktreduktionsanlage auf Erdgasbasis in Betrieb genommen wurde, die bereits mit einem Elektrostahlwerk verbunden war. Das Direktreduktionsverfahren „ENERGIRON ZR" wurde in den 1980er-Jahren als Pilotanlage entwickelt und 1998 erfolgreich in den industriellen Vollbetrieb überführt. Die strategische Allianz zwischen Tenova HYL und Danieli (italienischer Stahlwerkshersteller) vereinte das Know-how der beiden Partner. Heute sind „ENERIRON-ZR"-DRPs im Großmaßstab im Einsatz, z. B. bei Suez Steel in Ägypten (2,0 Mio. t DRI pro Jahr) und Nucor, USA (2,5 Mio. t DRI pro Jahr). Darüber hinaus betreibt Emirates Steel in Abu Dhabi seit 2009 zwei „ENERGIRON ZR"-Anlagen mit einer Kapazität

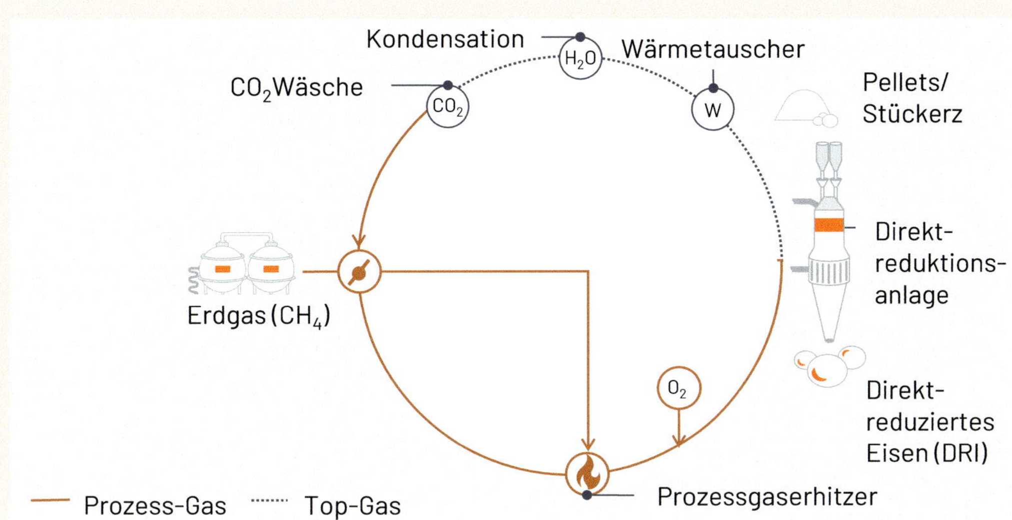

Bild 3: Prinzip der Erdgas-basierten Direktreduktion nach dem ENERGIRON-Verfahren von Tenova (Quelle: Salzgitter AG)

von jeweils 2,0 Mio. t DRI pro Jahr. Die SALCOS®-Stufe I zielt ebenfalls auf eine „ENERGIRON ZR"-Technologie in derselben Größenordnung (2,0 Mio. t DRI pro Jahr) ab [2]. Das ENERGIRON-ZR-Prinzip ist in **Bild 3** dargestellt.

Ein Gemisch aus Erdgas und Wasserstoff wird im Reduktionskreislauf verwendet und mit dem rückgeführten Reduktionsgas vermischt. Das Gemisch wird befeuchtet und anschließend mit einem Prozessgaserhitzer auf die erforderliche Temperatur erhitzt. Kurz vor dem Reaktor wird Sauerstoff in die Zuleitung eingespritzt, um die Temperatur des Reduktionsgases auf das für die In-situ-Reformierung und -Reduktion im Reaktor erforderliche Temperaturniveau zu erhöhen. In der Brennkammer werden partielle Oxidations- und Vorreformierungsreaktionen des Erdgases mit Sauerstoff durchgeführt. Auf diese Weise werden die reduzierenden Gase Wasserstoff und Kohlenmonoxid erzeugt.

Heißes Reduktionsgas wird der Reduktionszone des Reaktors zugeführt und strömt im Gegenstrom aufwärts zum Eisenerz-Wanderbett. Die Prozessgastemperatur in der zentralen Reaktionszone erreicht etwa 1.050 °C, der Reaktordruck 6 bis 8 bar. Die Gasverteilung ist gleichmäßig und es besteht ein hoher Grad an direktem Kontakt zwischen dem Gas und dem Feststoff. Sobald das Gas mit dem Feststoff im Reaktor in Kontakt ist, werden aufgrund der katalytischen Wirkung von metallischem Eisen weitere Spalt- und Reformierungsreaktionen durchgeführt. In der Reaktionszone finden drei verschiedene Schritte gleichzeitig statt: die in-situ-Reformierung von CH_4, die Reduktion von Eisenerz und die Aufkohlung des erzeugten metallischen Eisens.

Das obere Reduktionsgas verlässt den Reaktor mit einer Temperatur von etwa 490 °C und strömt durch eine Wärmerückgewinnung, wo die Wärmeenergie des Gases zur Dampferzeugung zurückgewonnen wird. Anschließend folgt ein Quench-/Waschsystem. In dieser Anlage wird das bei der Reduktion anfallende Wasser kondensiert und aus dem Gasstrom entfernt und auch der größte Teil des mit dem Gas mitgeführten Staubs wird abgeschieden. Das gewaschene Gas wird dann durch den Prozessgas-Kompressor geleitet, wo der Druck erhöht wird. Nach der Verdichtung werden die Prozessgase durch eine Amin-Wäsche zum Auswaschen des CO_2 geleitet und dann wieder in den Kreislauf zurückgeführt. Die auf Erdgas-basierende „ENERGIRON ZR"-Technologie hat einen TRL von 9, einschließlich des effizienten Transfers von heißem DRI zu einem EAF.

Vorarbeiten Salzgitter

Trotz der industriell erprobten Technologie treten im Rahmen von SALCOS® Herausforderungen, die insbesondere aus der Brownfield-Implementierung in einem bestehenden Stahlwerk, der flexiblen Nutzung von Erdgas und Wasserstoff in großem Maßstab sowie einem vollständigen Ersatz und der weiteren nachgelagerten Verarbeitung von kohlenstoffarmem DRI zusammenhängen, auf. Die Firma Tenova hat zwar bereits Wasserstoffanteile von bis zu 90 % in einer Prototypenanlage mit guten Ergebnissen getestet, doch müssen weitere Prozessentwicklungen und -anpassungen vorgenommen und Betriebserfahrungen gesammelt werden [3]. Daher wird SALCOS®-Stufe I mit TRL 7-8 beginnen und im Laufe des Projekts TRL 9 erreichen. Unterstützen sollen dabei Erfahrungen aus dem Betrieb einer kleinen Direktreduktionsanlage unter dem Namen μDRAL, welche 2022 in Betrieb genommen wurde.

Mit einem besonderen Fokus auf die Verknüpfung von Stahl- und Wasserstoff-Technologien sowie erneuerbarer Energien hat die SZAG umfangreiche Erfahrung im Bereich Wasserstoff inkl. einer klaren Positionierung gesammelt. Der Konzern hat seit 2016 fünf Projekte gestartet, die die Grundlage für das DRP-Verfahren (Begleitforschung unter Beteiligung diverser Fraunhofer-Institute in den Projekten MACOR und BeWiSe) und die Elektrolyseur-Technologie (GrInHy, GrInHy2.0, WindH2) bilden. Diese Projekte werden als vorbereitende Bausteine in SALCOS® integriert [4].

Abschluss

Das SALCOS®-Programm ist von großer Bedeutung für die Umweltstrategie und das Energiesystem der Europäischen Union (EU), da es als Blaupause für die Transformation bestehender Hochofenstandorte dienen kann. Mit SALCOS® wird ein innovatives Programm für eine umweltfreundliche Stahlproduktion umgesetzt, wodurch es ein herausragendes Beispiel für die direkte Vermeidung von CO_2 (engl.; Carbon Direct Avoidance, CDA) im Stahlsektor repräsentiert. Neben einer signifikanten CO_2-Reduktion bereits ab Programmstart sowie zukünftig einer fast CO_2-neutralen Primärstahlproduktion bei 100 % H_2-Einsatz ohne große technische Anpassungen fungiert das Projekt als Vorreiter und bewirkt, dass andere Akteure in der Branche diesem Dekarbonisierungsansatz folgen. Zusätzlich wird der Ausbau der Wasserstofferzeugungskapazitäten beschleunigt und SALCOS® bietet ein erhebliches Dekarbonisierungspotenzial für nachgelagerte Märkte wie z. B. die Automobilindustrie. Dem Automobilsektor wird ermöglicht, seine Scope-3- Emissionen erheblich zu verringern. Das SALCOS®-Programm verfolgt einen ganzheitlichen Ansatz zur Energieversorgung, der das Vorhaben in die europäische H_2-Wertschöpfungskette einbettet.

Literatur

[1] Berger, R.: Future of Steelmaking. 2020

[2] Tenova, Online, [https://tenova.com/technologies/energironr], 2022

[3] Tenova: HYL-News „Technological achievements, experience and trends on H_2-based steelmaking. Dez. 2018

[4] Salzgitter AG, Online, [salcos.salzgitter-ag.com], 2022

Autoren

Dr.-Ing. **Alexander Redenius**
Salzgitter Mannesmann Forschung GmbH
Salzgitter
Tel.: +49 5341 21 5352
alexander.redenius@salzgitter-ag.de

Martin Zappe
Salzgitter Flachstahl GmbH
zappe.m@salzgitter-ag.de

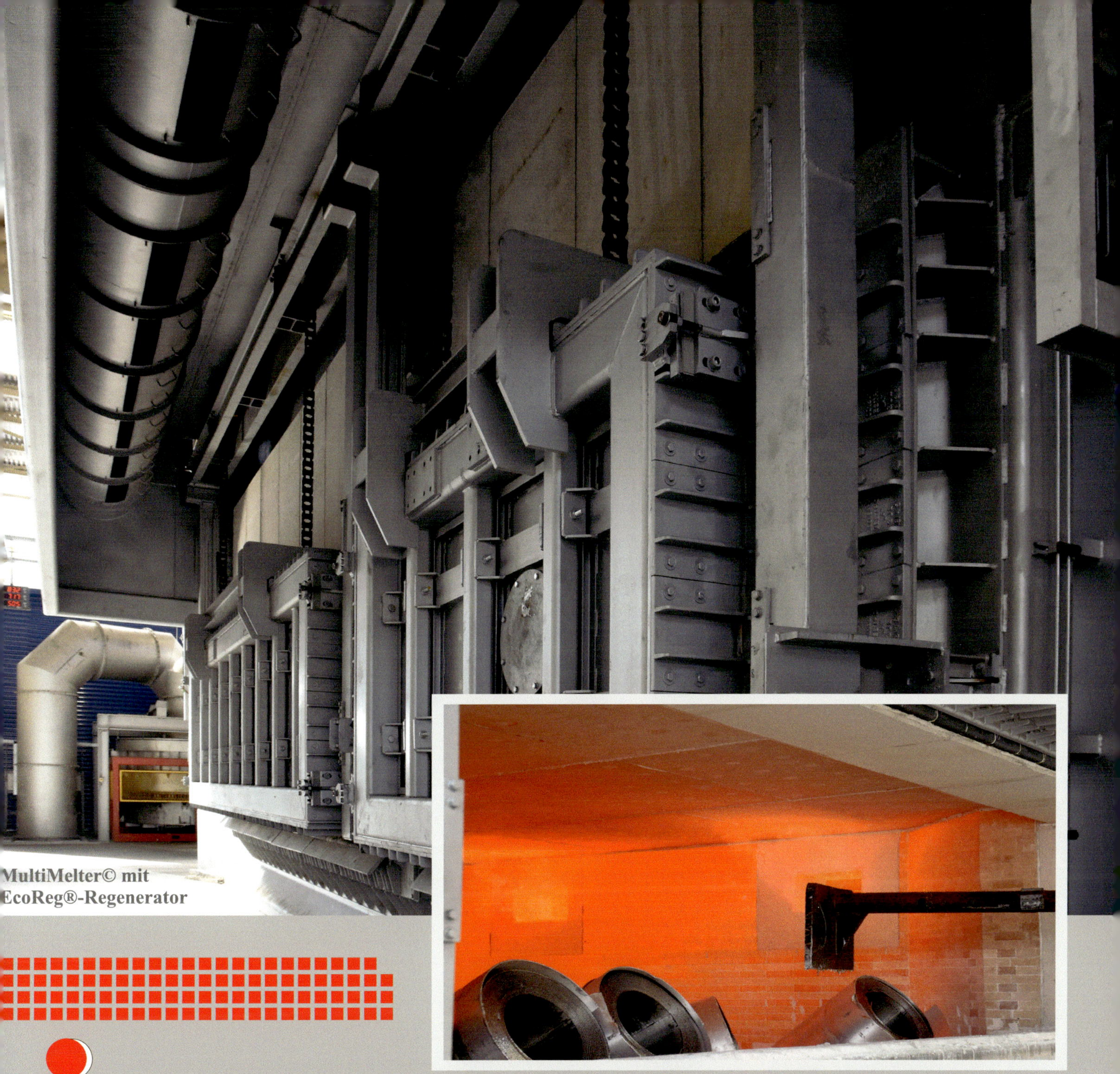

MultiMelter© mit EcoReg®-Regenerator

Strategien zur Dekarbonisierung von Wiedererwärmungs- und Wärmebehandlungsprozessen in der Stahlindustrie

Christian Wuppermann, Christian Schrade

Schlagwörter: Dekarbonisierung, Stahlindustrie, Stahlherstellung, Wärmebehandlung

Wiedererwärmungs- und Wärmebehandlungsprozesse gehören in der Wertschöpfungskette metallischer Werkstoffe zu den energieintensiven Prozessen. Die Reduzierung der spezifischen CO_2-Emissionen wurde in der Vergangenheit typischerweise durch Energieeffizienzsteigerung erreicht. Die Grenzen dieser Maßnahmen werden in der Regel durch die aufzubringende Nutzwärme, die dem Gut zugeführt werden muss, definiert. Auf Basis der Festsetzung der EU -Klimaziele müssen die CO_2-Emissionen bis zum Jahr 2050 um mehr als 80 % reduziert werden. Dieses Ziel kann für die Prozesswärme nicht allein durch Effizienzmaßnahmen erreicht werden. Ein möglicher Weg ist die Nutzung von regenerativen Energiequellen.

Strategies for decarbonization of reheating and heat treatment processes in the the steel industry

Reheating and heat treatment processes are among the most energy-intensive processes in the value chain of metallic materials. In the past, the reduction of specific CO_2 emissions was typically achieved by increasing energy efficiency. The limits of these measures are usually set by the amount of useful heat that must be added to the material. Based on the setting of the EU climate targets CO_2 emissions must be reduced by more than 80 % by the year 2050. This target cannot be achieved for process heat by efficiency measures alone. One possible way is to use renewable energy sources.

Neben der direkten Nutzung von regenerativ erzeugtem Strom können beispielsweise Wasserstoff oder andere regenerativ hergestellten Gase genutzt werden. Hybride Verfahren bieten sich ebenfalls an. Neben der Bewertung von Investitions- und Betriebskosten ist die Auswahl geeigneter Energiequellen vor allem von der Verfügbarkeit und den infrastrukturellen Randbedingungen abhängig, die regional verschieden sind. Daher ist zu erwarten, dass sich einige Lösungen im Markt etablieren werden, die z. B. nach Standort und Art der Produktionsanlagen variieren können.

In der vorliegenden Arbeit werden für typische Wiedererwärmungs- und Wärmebehandlungsprozesse verschiedene Szenarien zur Dekarbonisierung hinsichtlich verschiedener Kriterien wie technischer Umsetzbarkeit, Investitions- und Betriebskosten, Primärenergieverbräuchen und Anforderungen an die Infrastruktur bewertet. Auf dieser Basis können geeignete und anlagenspezifische Strategien zur Dekarbonisierung der Thermoprozessbranche ermittelt werden. Einerseits muss diese Entwicklung vor dem Hintergrund einer nachhaltigen Wettbewerbsfähigkeit betrachtet werden, wobei anderseits aber eine Technologieführerschaft angestrebt werden sollte, um damit mittelfristig den Wirtschaftsstandort Deutschland weiter zu stärken.

Wirtschaftliche und politische Rahmenbedingungen für die Dekarbonisierung der Stahlindustrie

Im Rahmen der Klimarahmenkonvention der Vereinten Nationen von 2015 wurde das sog. Paris-Abkommen von den 195 Mitgliedsländern verabschiedet mit dem Ziel, die Klimaerwärmung auf deutlich unter 2 °C zu begrenzen. Der Bezug ist hierbei das durchschnittliche Temperaturniveau vor Beginn der Industrialisierung. Mit dem spezifischeren Ziel, den Temperaturanstieg auf unter 1,5 °C zu begrenzen, sollen nicht mehr beherrschbare Auswirkungen des Klimawandels auf die Menschheit minimiert werden [1]. Die Umsetzung wurde in der Europäischen Union im Jahr 2019 im Rahmen des European Green Deals mit den folgenden Eckdaten festgelegt [2]:

- Reduzierung der Treibhausgasemissionen bis 2030 um angestrebte 55 %, aber mindestens 50 % gegenüber dem Jahr 1990
- Klimaneutralität bis zum Jahr 2050, Reduzierung der Netto-Treibhausgasemissionen auf „null"
- Reduzierung der Nutzung von fossilen Energieträgern (Stromerzeugung und andere Nutzungen) auf < 20 % des Gesamt-Primärenergieverbrauchs.

Die von der EU festgelegten Ziele wurden in Deutschland nach einem Urteil des Bundesverfassungsgerichts nochmals verschärft, sodass in diesem Jahr ein Klimaschutzgesetz verabschiedet wurde [3], das eine Senkung der Treibhausgasemissionen im Jahr 2030 von 65 %, 2040 von 88 % und schließlich schon im Jahr 2045 Klimaneutralität festlegt. Ein zentrales Werkzeug zur Steuerung von Anreizen zur Investition in klimafreundliche Technologien ist die zum Jahreswechsel 2021 erhöhte CO_2-Bepreisung. Mit dem Erlös soll der notwendige Ausbau der erneuerbaren Energien, der Wasserstoffwirtschaft sowie die Umstellung auf klimafreundliche Mobilität und die energetische Modernisierung von Gebäuden vorangetrieben werden.

Die deutsche Stahlindustrie ist mit ca. 6 % der Gesamtemissionen und rund 30 % der Emissionen der deutschen Industrie einer der größten Treibhausgasverursacher [4]. Eine substanzielle Verringerung der CO_2-Emissionen in diesem Sektor hätte daher einen dementsprechend großen Einfluss auf die Klimaschutzziele in Deutschland.

Mithilfe von verschiedenen Investitions- und Förderprogrammen sollen Anreize zur Investition in klimafreundliche Technologien geschaffen werden, um daraus resultierende Wettbewerbsnachteile im weltweiten Stahlmarkt möglichst zu minimieren.

Potenziale zur Reduzierung der CO_2-Emissionen in der Stahlherstellung

Die Reduzierung der CO_2-Emissionen in der Stahlherstellung mit dem Ziel der Erreichung der im Klimapakt Deutschland [3] definierten Zwischenziele erfordert zunächst eine Analyse der CO_2-Emittenten innerhalb der Produktionsroute.

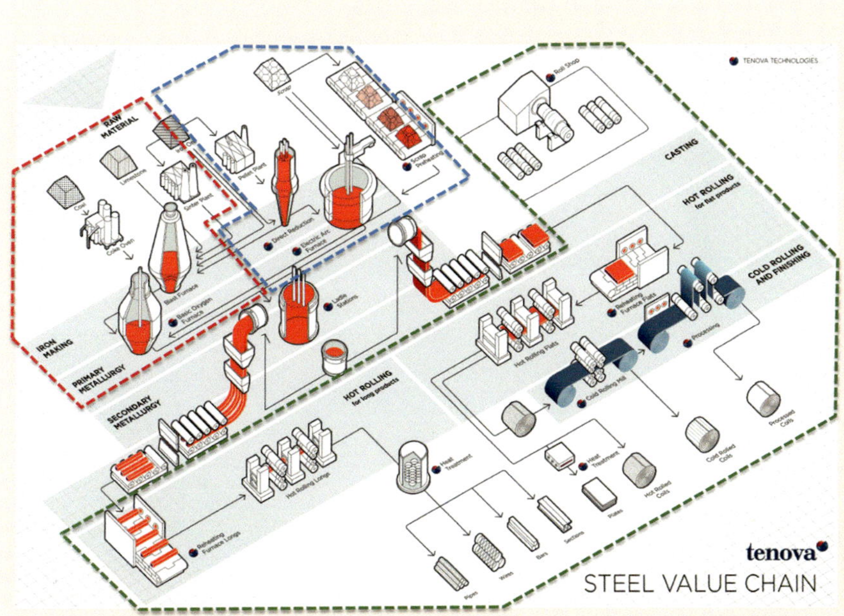

- Iron-Ore / BF / BOF: ~ 1800 kg_{CO2}/t_S
- Scrap / EAF: ~ 500 kg_{CO2}/t_S
- DRP / EAF (90-100% H_2) ~ 50..150 kg_{CO2}/t_S
- **Downstream processes: ~ 60 - 360 kg_{CO2}/t_S** (depending on specific production route)

Bild 1: Spezifische CO_2-Verbrauche für ausgewählte Sektoren der Stahlherstellung [4,5]

Im sogenannten Upstream-Bereich, der die Roheisen- oder Elektrostahlherstellung, die Primär-, die Sekundärmetallurgie und das Vergießen umfasst, können im Wesentlichen drei Prozessrouten hinsichtlich des CO_2-Einsparpotenzials bewertet werden. Im letzten Teil des Kapitels wird der Downstream-Bereich beschrieben und die CO_2-Reduktionspotenziale der beiden Sektoren miteinander verglichen.

In **Bild 1** wird die Stahlherstellungsroute mit den genannten Sektoren schematisch dargestellt.

Die Roheisen- und Rohstahlherstellung im Hochofen und Konverter

In der traditionellen Prozessroute zur Roheisenherstellung wird mit den Einsatzstoffen Eisenerz, Koks und weiteren Zuschlägen das Eisenerz reduziert und Roheisen hergestellt. Der Koks dient in diesem Prozess als Reduktionsmittel und Energieträger, der in Kokereien in der Regel aus Steinkohle und damit einem fossilen Brennstoff hergestellt wird. Das erzeugte Roheisen wird dann beispielsweise in LD-Konvertern zu Rohstahl gefrischt. In diesen Prozessen wird der Hauptteil der CO_2-Emissionen innerhalb der Stahlherstellung erzeugt. Die mittleren spezifischen CO_2-Emissionen betragen ca. 1.800 kg_{CO2}/t_{Stahl} [5], siehe **Bild 2**. Betrachtet man die gesamte Stahlherstellungsroute bis zum Halbzeug wie z. B. Blech, Rohr oder Stab werden hier mehr als zwei Drittel der gesamten CO_2-Emissionen erzeugt. Das Potenzial zur Reduzierung des CO_2-Fußabdrucks ist dem entsprechend groß. Es gibt Bestrebungen, einen Teil des Kokseinsatzes durch das Einblasen von Wasserstoff zu reduzieren. Die prozesstechnischen Randbedingungen lassen aber in keinem Fall eine CO_2-freie Produktion über diese Route darstellen.

Die Recyclingroute über den Elektrolichtbogenofen

Der spezifische Energieverbrauch für das Recycling von Eisen- und Stahlschrotten ist deutlich niedriger als die Herstellung von Rohstahl in der zuvor beschriebenen Prozessroute. Hinzu kommt, dass die Recyclingfähigkeit von Stahl sehr hoch ist. Unter Zugabe von Erdgas, Kohlenstaub und Sauerstoff werden die Schrotte eingeschmolzen und Legierungsgehalte eingestellt. Durch die aufwändige und nicht immer völlig sortenrein zu gewährleistende Vorsortierung der Einsatzschrotte wird zur Erreichung der geforderten Reinheitsgrade auch Roheisen im Prozess eigesetzt. Unter Berücksichtigung des mittleren europäischen Strommixes beträgt die gemittelte spezifische CO_2-Emission für diese Prozessroute ca. 500 kg_{CO2}/t_{Stahl} [5, 6] siehe Bild 2. Im Vergleich zur Hochofenroute lässt sich der CO_2-Fußabdruck um rund 70 % minimieren. Das Potenzial zur weiteren Reduzierung der CO_2-Emissionen ist enorm. Durch den Einsatz von Strom aus regenerativen Quellen und Biogasen bzw. synthetisch hergestellten Kohlenwasserstoffen können die spezifischen CO_2-Emissionen auf 5 kg_{CO2}/t_{Stahl} gesenkt werden [5]. Damit wäre dieser Prozess nahezu CO_2-frei.

Die Eisenschwamm- und Rohstahlherstellung über Direktreduktion und Elektrolichtbogenofen

Ein alternativer Prozess zur Herstellung von Roheisen ist der Direktreduktionsprozess. Die Reduzierung des Eisenerzes zu Eisenschwamm erfolgt hier im Gegensatz zum Hochofen mit gasförmigen Reduktionsmitteln. In der Vergangenheit wurde typischerweise Erdgas eingesetzt.

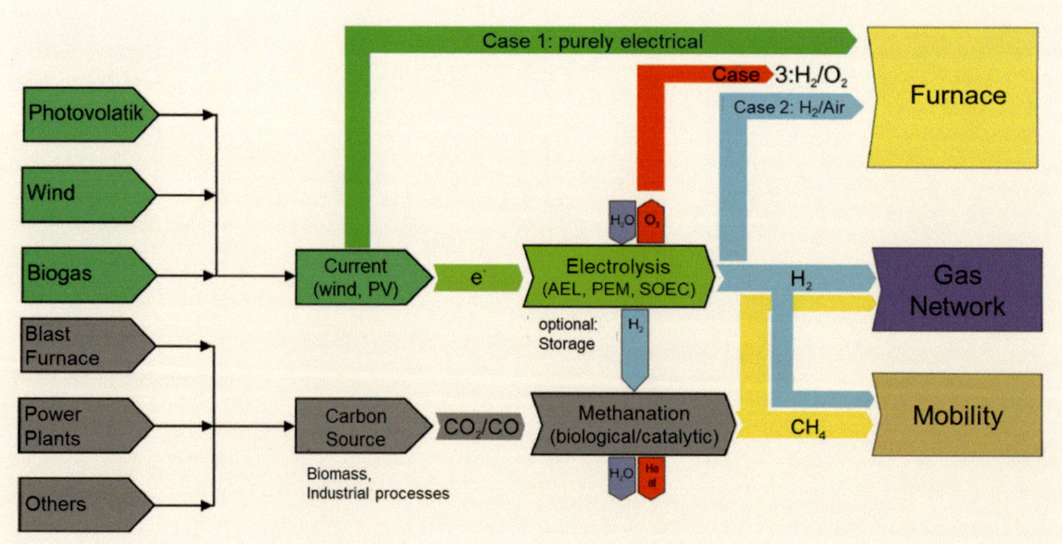

Bild 2: Nutzung von grünem Strom und Kohlenstoffquellen in Thermoprozessen, Energieversorgung und Verkehr [7]

Das Potenzial zur Nutzung von Wasserstoff ist seit der Entwicklung der Technologie bekannt. Sowohl die Verfügbarkeit als auch die Kosten zur Produktion von Wasserstoff machten bisher den Einsatz in der Direktreduktion unrentabel. Darüber hinaus wurden die Anlagen traditionell nur an Standorten eingesetzt, an denen die Verfügbarkeit von Steinkohle oder Koks schlecht ist oder der Erdgaspreis entsprechend niedrig.

Im Zuge der weltweiten Initiativen zur Dekarbonisierung ist die Direktreduktion von Eisenerz mit Wasserstoff eine der Schlüsseltechnologien [5, 6]. Der erzeugte Eisenschwamm kann dann direkt in einem Elektrolichtbogenofen weiterverarbeitet werden. Dies kann auch in Kombination mit dem Recycling von Stahlschrotten erfolgen, was diese Prozessroute insgesamt sehr nachhaltig macht. Die spezifischen CO_2-Emissionen lassen sich beim Einsatz von 100 % Wasserstoff bis auf 25-50 kg_{CO2}/t_{Stahl} reduzieren [5, 6]. Damit können ca. 97 % der CO_2-Emissionen im Vergleich zur Hochofen-Route vermieden werden. Es sei erwähnt, dass eine Zumischung von einigen Prozent Erdgas prozesstechnische Vorteile haben kann. Auf diese Weise kann der Zielkohlenstoffgehalt im Eisenschwamm eingestellt werden. Es kann hier – je nach Verfügbarkeit – auf synthetisch hergestellte Kohlenwasserstoffe aus Power2Gas-Prozessen oder Biogase zurückgegriffen werden. Somit kann der CO_2-Fußabdruck trotz des Einsatzes von Kohlenwasserstoffen minimiert werden. Die genannten, extrem niedrigen spezifischen CO_2-Emissionen können nur unter der Voraussetzung erreicht werden, dass sowohl der notwendige Strom zur Herstellung des Wasserstoffs als auch der Strom für den Betrieb des Elektrolichtbogenofens mithilfe regenerativer Quellen erzeugt werden. Betrachtet man den deutschen Strommix aus dem Jahr 2020 (11 % Kernenergie, 40 % fossil, 44 % regenerativ, 5 % Rest) fiele die gesamte CO_2-Bilanz aufgrund der Nutzung von rund 40 % fossiler Energieträger in der Stromerzeugung natürlich schlechter aus.

Potenziale zur Minimierung des CO_2-Fußabdrucks im Downstream Sektor

Die Weiterverarbeitung der Brammen, Blöcke oder Knüppel erfolgt im sogenannten Downstream-Bereich. Je nach Endprodukt werden verschiedenste Umform-, Wärmebehandlungs- oder andere Veredelungsprozesse durchlaufen. Die Prozessrouten unterliegen abhängig von den Endprodukten einer großen Vielfalt. Daher ist die Streuung der spezifischen CO_2-Emissionen für diesen Bereich sehr hoch. Typische Werte liegen bei 60 bis 360 kg_{CO2}/t_{Stahl}. Im Vergleich zum Upstream Sektor ist das Gesamt-Einsparpotenzial etwa um den Faktor 5-15 geringer. Im Sinne einer ganzheitlichen Betrachtung müssen jedoch auch die Investitionskosten berücksichtigt werden. Die Umstellung der Hochofenroute auf Direktreduktionstechnologien erfordert Investitionsvolumina im mittleren-, dreistelligen Millionen EUR Bereich. Bestehende Produktionsanlagen müssen vollständig ersetzt werden. Im Vergleich dazu ist das Potenzial zur Modernisierung von Bestandsanlagen im Downstream-Sektor deutlich höher. Typische Größenordnungen für die notwendigen Maßnahmen zur Minimierung des CO_2-Fußabdrucks liegen im ein- bis zweistelligen Millionen EUR Bereich. Die Bestandsanlagen müssen im Vergleich zum Upstream-Sektor meist nicht ersetzt werden. Investitionen sind in diesem Bereich in Zeiträumen von einem bis drei Jahren umsetzbar. Die Umstellung der gesamten Roheisenerzeugung erfordert hingegen mindestens fünf bis maximal zehn Jahre. Daher können notwendige Modernisierungsmaßnahmen im Downstream-Bereich in der Regel schneller, flexibler und kostengünstiger erfolgen und sind damit ebenfalls als Mittel zur Verringerung des CO_2-Fußabdrucks für die Stahlindustrie attraktiv.

Energieträger zur Dekarbonisierung von Wärmebehandlungsprozessen

Im vorhergehenden Kapitel wurde beschrieben, dass der Schlüssel zur erfolgreichen Dekarbonisierung der Stahlindustrie in der Bereitstellung von regenerativen Energieträgern liegt. Nutzbar sind hier regenerativer elektrischer Strom, regenerativ erzeugter Wasserstoff sowie synthetisch und CO_2-frei hergestellte Kohlenwasserstoffe, wie z. B. Biogase oder Synthesegase. Hier wird nochmals deutlich, dass der Ausbau der erneuerbaren Energien für alle genannten Medien zwingend erforderlich ist.

In Bild 2 wird die Nutzung von regenerativen Energieträgern und sogenannten nicht-vermeidbaren Kohlenstoffquellen im Sinne einer CO_2-freien Versorgung von Wärmebehandlungsanlagen zusammengefasst.

Für alle genannten Energieträger gilt die Voraussetzung, dass der direkt oder indirekt in der Wärmebehandlung eingesetzte Strom aus regenerativen Quellen stammt.

Die effizienteste Methode zur Beheizung von Wärmebehandlungsanlagen ist die direkte Nutzung von Strom als Energieträger. Hierzu stehen verschiedene Systeme zur Energieübertragung zur Verfügung, z. B. Induktoren, Heizelemente oder Plasmafackeln. Der größte Vorteil der direkten Nutzung in der Wärmebehandlung liegt in der teils hohen Energieeffizienz und den niedrigen Umwandlungsverlusten. Diese liegen für die Widerstandsbeheizung beispielsweise in der Größenordnung weniger Prozent. Alle weiteren Energieträger unterliegen größeren Wirkungsgradverlusten. Die Bereitstellung zusätzlicher Kapazitäten regenerativer Energiequellen ist hier erforderlich. Der Nachteil der direkten Nutzung von Strom ist die begrenzte Speicherbarkeit und die notwendige Sektorkopplung der Stromversorger mit den Anlagenbetreibern. Die Energieversorgung von diskontinuierlich betriebenen Prozessen wie den Elektrolichtbogenöfen oder anderen Batch-Öfen stellt eine erhebliche Herausforderung für die Stromproduzenten und deren Verteilernetze dar. Darüber hinaus sind die regenerativen Energiequellen sehr volatil. Die Sonne scheint nur am Tag und Wind weht nicht kontinuierlich. Diese Volatilitäten können teilweise ausgeglichen werden, indem man den großflächigen und länderübergreifenden Ausbau der Stromnetze weiter vorantreibt. Dennoch bleiben die Speicherbarkeit und die Versorgungssicherheit begrenzt. Dieses Problem kann gelöst werden, indem mit dem verfügbaren Strom speicherbare Energieträger erzeugt werden. Auf diese Weise können auch Stromspitzen, die z. B. in windreichen Perioden anfallen, zur Energieerzeugung genutzt werden. Heutzutage werden in diesen Zeiträumen Anlagen teils abgestellt.

Eine Möglichkeit zur Nutzung ist die Herstellung von Wasserstoff in Elektrolyseprozessen. Moderne Elektrolyseanlagen erreichen Wirkungsgrade von bis zu 80 % [7]. Der hergestellte Wasserstoff kann gespeichert und zu den Verbrauchern transportiert werden. Eine effiziente Verteilung des Wasserstoffs erfordert eine Infrastruktur, die zum einen noch nicht vorhanden und zum anderen mit erheblichen Investitionen verbunden ist. Bis zu einem Ausbau dieser Infrastruktur kann das vorhandene Erdgassystem als Verteilungssystem genutzt werden. Aktuell können bis zu 10 % H_2 dem Erdgas ohne Beeinträchtigung der Verbraucher (Privathaushalte und Industrie) eingeleitet werden [8]. Eine Zumischung von bis zu 20 % H_2 ist in Prüfung [8]. Auf diese Weise können die lokal erzeugten Wasserstoffmengen effizient im Gasnetz verteilt und somit der CO_2-Fußabdruck aller Verbraucher minimiert werden, bis eine H_2-Infrastrukur aufgebaut worden ist. Als zusätzliches Produkt wird in der Elektrolyse Sauerstoff hergestellt. Dieser kann dann ebenfalls in Anlagen wie dem LD-Konverter, EAF oder zur Beheizung von Wärmebehandlungsanlagen (Direkte Verbrennung von H_2 und O_2) genutzt werden.

Eine weitere regenerative Energiequelle stellen die Biogase dar. Diese werden beispielsweise in Biogasanlagen aus Biomasse wie Holz, Mais oder anderen Pflanzen sowie Bio-Abfällen erzeugt.

Prozessimmanente CO_2-Quellen, die mithilfe der vorhandenen Technologien nicht vermieden werden können, können einer Methanisierung zugeführt werden. Hier wird mithilfe von H_2 und Strom das CO_2 in CH_4 umgewandelt. Wirkungsgrade moderner Anlagen liegen im Bereich von ca. 75-80 %. Dieses synthetische Gas ist als klimaneutral anzusehen, sofern der H_2 und der Strom aus regenerativen Quellen stammen. Dieses Synthesegas kann dann wiederum in das Erdgasnetz eingespeist und genutzt werden.

Hybride Beheizung

Je nach Verfügbarkeit der Energieträger oder den Anforderungen an den Wärmebehandlungsprozess kann es für die Produktionsbetriebe sinnvoll sein, Mischformen der beschriebenen Energieträger in einer Anlage zu nutzen. Hier spricht man von der sog. hybriden Beheizung.

Auf diese Weise können die Vorteile der jeweiligen Energieträger für die Prozesse genutzt werden. Die Vor- und Nachteile sind hierbei sehr stark von der Infrastruktur und Verfügbarkeit der Energieträger abhängig. Zusätzlich sind die Nutzbarkeiten unterschiedlicher Energieträger sehr stark von den jeweiligen Prozessen abhängig.

Mithilfe hybrider Beheizungsarten können beispielsweise Überkapazitäten in der Stromproduktion genutzt werden, indem die Beheizung dynamisch von Gas auf elektrisch umgeschaltet werden kann. Die Anlagen können damit als „flexible Energiespeicher" genutzt werden. Hierzu müssen die Ofenteile mit beiden Beheizungssystemen ausgestattet werden. Daraus resultieren natürlich höhere Investitionskosten für die Anlagen. Die Investitionskosten müssen den Betriebskosten für günstigen Strom aus Überproduktion, der vor allem aus regenerativen Quellen erzeugt wird, gegengerechnet werden.

Vor Neubauprojekten oder Modernisierungen mit dem Ziel der CO_2-Minimierung müssen daher detaillierte Analysen der Randbedingungen und Prozesse erfolgen. Einige Beispielanalysen und -szenarien für Wärmebehandlungsanlagen in der Stahlherstellung werden im folgenden Abschnitt beschrieben.

Fallbeispiele zur Dekarbonisierung von Wärmebehandlungsprozessen

Im vorliegenden Abschnitt werden verschiedene Beheizungssysteme für drei Wiedererwärmungs- und Wärmebehandlungsprozesse miteinander verglichen. Basis ist hier immer das Szenario einer vollständigen Gasbeheizung mit fossilem Erdgas (Szenario 1). Im zweiten Szenario wird das Potenzial zur rein elektrischen Beheizung für die entsprechende Anlage erörtert. Das dritte Szenario beschreibt Möglichkeiten zur hybriden Beheizung und das vierte Szenario die Beheizung mit regenerativ hergestellten Brenngasen.

Ziel dieses Abschnittes ist es, einen einfachen und grundlegenden Überblick zu umreißen. Die vorgestellten Szenarien müssten für reale Anwendungsfälle natürlich technisch und kommerziell detaillierter ausgearbeitet werden. Der Vollständigkeit halber sei erwähnt, dass Mischformen aus den genannten Szenarien in der Regel jederzeit umsetzbar sind.

Hubbalkenofen für die Wiedererwärmung von Brammen

Im ersten Fallbeispiel wird die Wiedererwärmung von Brammen in einem Hubbalkenofen beschrieben. Der betrachtete Ofen hat eine Produktionsleistung von 380 t/h und ist gasbeheizt, siehe **Bild 3**. Typische Wiedererwärmungstemperaturen liegen bei 1.200 bis 1.300°C als Austragstemperatur für den nachgeschalteten Warmwalzprozess.

Bild 3: Hubbalkenofen für die Wiedererwärmung von Brammen

Szenario 1 (Basisszenario, Gasbeheizung mit fossilem Erdgas):

Zur Erwärmung der Brammen von Umgebungstemperatur auf ca. 1.250°C wird der Ofen mit 250 MW installierter Gasleistung ausgestattet. Die Ofenkammer wird mittels 160 Seitenwand- und Deckenstrahlbrennern offen beheizt. Jeder Brenner hat eine mittlere Anschlussleistung von 1,6 MW. Durch den Einsatz moderner regenerativer Beheizungssysteme können feuerungstechnische Wirkungsgrade in der Größenordnung von $\eta_{f.} > 80$ % erreicht werden. Für dieses Szenario gehen wir von $\eta_{f.} = 80$ % aus.

Szenario 2 (elektrische Beheizung):

Für die elektrische Beheizung von Brammen gibt es nach aktuellem Stand der Technik zwei großtechnisch verwendete Systeme. Zum einen können die Brammen über Induktoren beheizt werden. Die technisch erreichbaren Temperaturen liegen bei ca. 600 - 700°C. Das bedeutet, dass Induktoren lediglich zum Vorwärmen der Brammen genutzt werden können. Die weitere Erwärmung und der Temperaturausgleich müssen dann in einem Ofengefäß stattfinden. Der Ofen selbst kann mit konduktiv beheizten Elementen bestückt werden. Hier müssen allerdings die folgenden Randbedingungen berücksichtigt werden:

Der Ofen hat eine nutzbare Wandfläche von ca. 900 m^2. Bei einer Zieltemperatur von 1.250°C kann mittels elektrischer Heizelemente eine mittlere Heizleistung von rund 30 kW/m^2 installiert werden. Damit können im Ofen insgesamt 27 MW elektrischer Heizleistung bereitgestellt werden. Aus dem Szenario 1 (250 MW gas, $\eta_{f.} = 80$ %) ergibt sich eine notwendige elektrische Leistung von ca. 200 MW (elektrisch, konduktiv). Damit können mittels Heizleiter nur ca. 11 % der insgesamt benötigten Heizleistung vorgehalten werden. Alternative elektrisch basierte Beheizungsarten (wie z. B. Plasmafackeln) befinden sich noch im Entwicklungsstadium und werden hier nicht berücksichtigt. Hier gibt es vielversprechende Ansätze, aber in dieser Betrachtung sollen nur großtechnisch verfügbare Technologien berücksichtigt werden.

Aus dieser Annahme folgt, dass der Prozess nicht voll elektrisch beheizbar ist.

Szenario 3 (Hybride Beheizung):

In diesem Szenario sind prinzipiell alle Mischformen der Szenarien 1 und 2 möglich. Im Folgenden soll das Szenario einer vollständigen Gasbeheizung mit zusätzlichen und flexibel zuschaltbarer elektrischer Beheizung betrachtet werden. Der Vorteil dieses Szenarios ist das Potenzial zur Reduzierung der Betriebskosten und der CO_2-Emissionen, da in diesem Fall die elektrische Beheizung je nach Verfügbarkeit und (Minuten)-Preis zugeschaltet werden kann. Hierdurch können die notwendigen zusätzlichen Investitionen auch im Hinblick auf den heutigen Strommix und CO_2-Preise interessant werden. Natürlich bedeutet die zusätzliche Installation von elektrischer Heizleistung eine signifikante Erhöhung der Investitionskosten im Vergleich zu einer reinen gasbeheizten Anlage. Im konkreten Anwendungsfall können die benötigten 250 MW Gasbeheizung mit 27 MW elektrischer Beheizung aus Szenario 2 ergänzt werden. Zusätzlich kann je nach Investitionsmöglichkeiten ein Induktor vor dem Ofen installiert werden.

Damit würde man gegenüber Szenario 1 sogar eine Steigerung der Produktionsleistung erreichen. Andererseits wäre die Anlage auf Basis der installierten Leistung von 250 MW (Gas) insoweit flexibel, dass die installierte Gasleistung um den Gesamtbetrag der installierten elektrischen Leistung reduziert werden kann, wenn der Strom günstig bzw. CO_2-neutral eingekauft werden kann. Nachteilig in diesem Szenario sind die deutlich erhöhten Investitionskosten für die zusätzlichen elektrischen Beheizungskapazitäten. Ferner wird mehr Platz benötigt und das Ofengefäß kann nur mit max. 11 % der benötigten Heizleistung bestückt werden. Zusätzliche Induktoren können die benötigte Heizleistung ebenfalls nicht zu 100 % decken.

Szenario 4 (Gasbeheizung mit regenerativen Brenngasen):

Für die Beheizung von Hubbalkenöfen mithilfe regenerativer Brenngase müssen zwei Fälle unterschieden werden. Für die Beheizung mit synthetisch hergestellten

Erdgasen (Power2Gas) oder Biogasen müssen die Bestandsanlagen, sofern diese mit Erdgas beheizt werden, in der Regel nicht oder nur mit wenig Aufwand umgerüstet werden. Es müssen lediglich mögliche Verunreinigung der eingesetzten Biogase oder veränderte chemische Zusammensetzungen und deren Auswirkung auf die Verbrennung (z. B. Heiz- Wobbewerte, Mindest-Luftmengen) berücksichtigt werden.

Die Beheizung mit Wasserstoff ist technisch deutlich komplexer. Die Verbrennung von H_2 erzeugt höhere Flammtemperaturen, was wiederum zu einer erhöhten NO_x-Bildung führt. Daher müssen die mit H_2-betriebenen Brenner für den Low-NOx-Betrieb ausgerüstet sein. Dies kann beispielsweise über flammlose Verbrennung oder Abgasrezirkulation gewährleistet werden. Des Weiteren müssen die Brenner hinsichtlich der im Vergleich zum Erdgas deutlich abweichenden Verbrennungscharakteristik modifiziert werden.

Geeignete Brenner wurden bereits im Versuchsmaßstab erfolgreich unter Einsatz von 100 % H_2 und auch Gemischen aus H_2 und Erdgas getestet. Im Flammlosbetrieb wurden hier NO_x-Emissionen unterhalb von 60 mg/Nm^3 (Bezug: 5 % O_2) erreicht, siehe **Bild 4**. Diese industrielle Tauglichkeit wird bereits in Bestandsanlagen nachgewiesen und für den großtechnischen Einsatz vorbereitet. Sobald die Feldtests erfolgreich durchgeführt wurden, ist man in der Lage, die Anlage vollständig mit H_2 zu beheizen.

Rollenherdofen für die kontinuierliche Wärmebehandlung von Elektroblech

Im zweiten Fallbeispiel werden die verschiedenen Szenarien für einen Rollenherdofen für die kontinuierliche Wärmebehandlung von Elektroblech vorgestellt. Betrachtet wird der Glühofen einer kombinierten Glüh- und Beschichtungsanlage (Annealing and Coating Line, ACL). In diesem Prozess wird das Elektroblech nach dem Kaltwalzen einer Schlussglühung (Rekristallisation) unterzogen. Danach wird das Band mit einem Isolierlack beschichtet und dieser anschließend in einem Trockenofen getrocknet. Der Glühofen mit einer Produktionsleistung von 40 t/h ist in **Bild 5** dargestellt. Die Glühtemperaturen liegen je nach Güte zwischen 900 und 1.150°C.

Die im Fallbeispiel „Hubbalkenofen" beschriebene Systematik wird im Folgenden auf das vorliegende Beispiel übertragen. Da es inhaltlich Überschneidungen gibt, wird die Beschreibung hier verkürzt ausgeführt.

Szenario 1 (Basisszenario, Gasbeheizung mit fossilem Erdgas):

Für die Produktionsleistung von 40 t/h und einer Zieltemperatur des Bandes von 1.100°C muss eine Leistung der Gasbeheizung von rund 14 MW mit einem mittleren feuerungstechnischen Wirkungsgrad von $\eta_{f.}$ = 65 % installiert werden. Auch hier sei erwähnt, dass höhere Wirkungsgrade technisch möglich sind, die angenommenen 65 % entsprechen jedoch dem Stand der im Feld installierten Technologie. Im Gegensatz zum Fallbeispiel „Hubbalkenofen" wird die Wärmebehandlung unter Schutzgasatmosphäre (N_2/H_2-Gemische) durchgeführt. Daher erfolgt die Beheizung indirekt über Strahlheizrohre. Rein gasbeheizte Anlagen sind vor allem im europäischen Raum verbreitet und sind Stand der Technik.

Szenario 2 (elektrische Beheizung):

Die elektrische Beheizung für ACLs wird häufig zweistufig ausgeführt. Im Temperaturbereich bis 700°C werden Induktoren eingesetzt, die einen typischen Wirkungsgrad von hel = 70 % aufweisen. Für die angenommene Produktionsleistung von 40 t/h müssen hier rund 7.000 kW

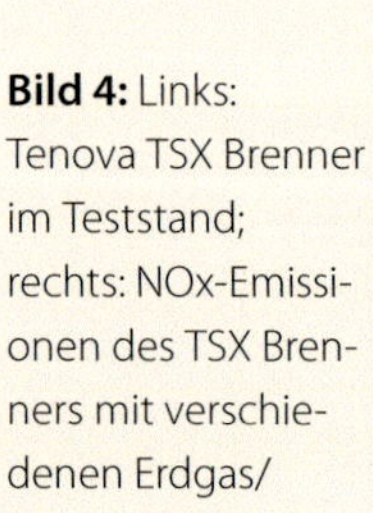

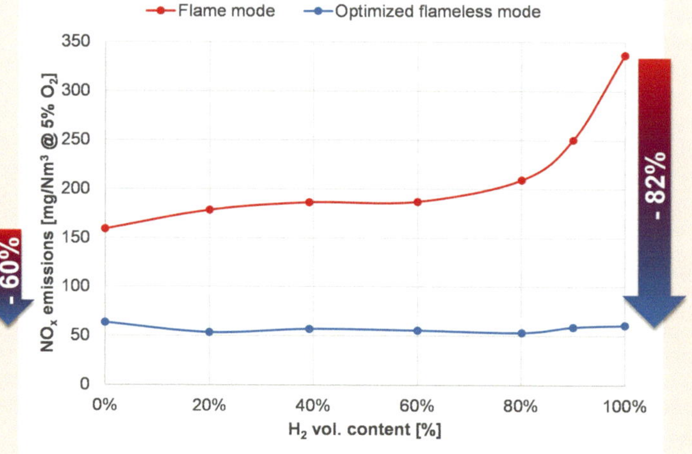

Bild 4: Links: Tenova TSX Brenner im Teststand; rechts: NOx-Emissionen des TSX Brenners mit verschiedenen Erdgas/H_2-Gemsichen

Bild 5: Annealing and Coating Line (ACL) für die Wärmebehandlung von nicht-kornorientiertem Elektroblech

elektrischer Leistung für den Induktor vorgesehen werden. Diese Einheiten sind mit 3-6 m Länge im Vergleich zu typischen gasbeheizten Öfen sehr kurz. Auf diese Weise kann die Anlagenlänge deutlich reduziert werden. Die weitere Aufheizung auf eine Zieltemperatur von 1.100°C und die Haltephase werden über konduktive Heizelemente dargestellt. Unter der Annahme eines elektrischen Wirkungsgrades von η_{el} = 98 % werden hier rund 4.000 kW elektrischer Heizleistung vorgesehen.

Der Glühofen der ACL ist damit voll elektrisch beheizbar.

Szenario 3 (Hybride Beheizung):

Hybride Beheizungsformen sind für die Wärmebehandlungsanlagen für Elektroblech (kornorientiert und nicht-kornorientiert) Stand der Technik. Die Anforderungen an die Beheizungsarten waren bisher jedoch von den infrastrukturellen Randbedingungen der Kunden, wie der Verfügbarkeit und Preise der Medien, und vor allem von den technischen Erfordernissen der Wärmebehandlung abhängig. Die technologisch hybriden Anlagen sind vor allem auf dem asiatischen Markt Stand der Technik. Hier wird typischerweise der vordere Ofenteil gasbeheizt und die hinteren Teile (> 800°C Bandtemperatur) elektrisch beheizt.

Der Einsatz von hybriden Beheizungssystemen bietet das Potenzial zur Reduzierung der CO_2-Emissionen oder zur Nutzung als „flexibler Energiespeicher". Die notwendigen Systeme entsprechen dem Stand der Technik und müssen individuell auf die technologischen Anforderungen des Wärmebehandlungsprozesses und die Infrastruktur der Anlagenbetreiber angepasst werden.

Szenario 4 (Gasbeheizung mit regenerativen Brenngasen):

Für dieses Fallbeispiel gelten gleiche Randbedingungen wie für Fallbeispiel 1. Der Einsatz von grünem Erdgas (Power2Gas oder Biogas) ist sowohl was den Umbauaufwand als auch die Prozesssicherheit angeht unproblematisch. Der Einsatz von Wasserstoff ist technologisch anspruchsvoller.

Geeignete Brenner wurden bereits im Versuchsmaßstab erfolgreich unter Einsatz von 100 % H_2 und Gemi-

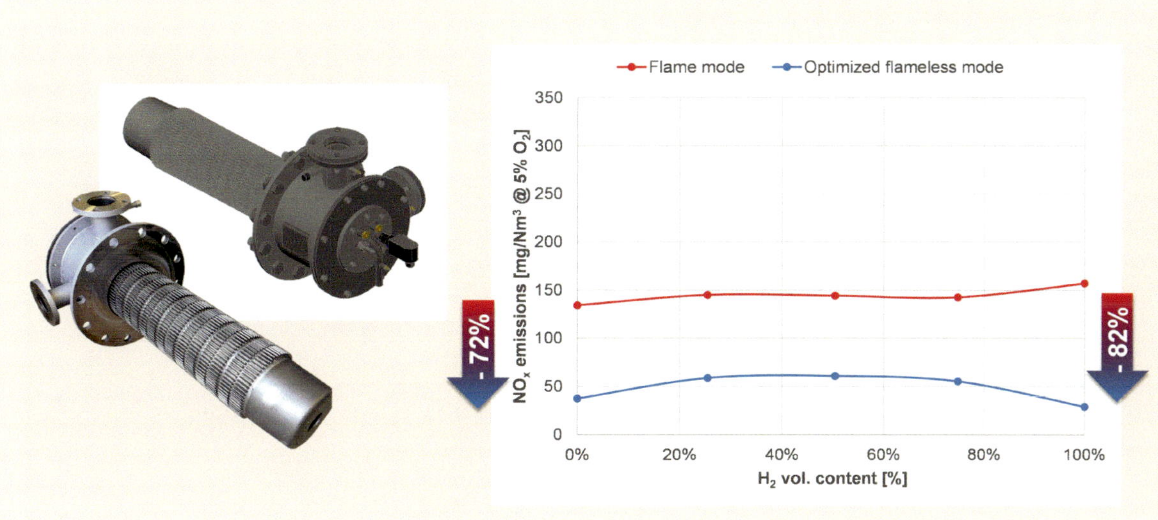

Bild 6: Links: Tenova TRKS Brenner; rechts: NOx-Emissionen des TRKS Brenners mit verschiedenen Erdgas/H_2-Gemischen

schen von H_2 und Erdgas getestet. Im Flammlosbetrieb wurden hier NO_x-Emissionen unterhalb von 70 mg/Nm³ (Bezug: 5 % O_2) erreicht, siehe **Bild 6**. Diese Technologie wird bereits in Bestandsanlagen getestet und für den großtechnischen Einsatz vorbereitet. Sobald die Feldtests erfolgreich durchgeführt wurden, ist man in der Lage, die Anlage vollständig mit Wasserstoff zu beheizen.

Haubenofenanlage für die Wärmebehandlung von Stahlcoils

In diesem Fallbeispiel werden die vorgestellten Beheizungsstrategien für eine Haubenglühanlage vorgestellt. Die jährliche Produktionsleistung hängt bei diesen Anlagen im Wesentlichen von der Anzahl der Glühsocken und Heiz- bzw. Kühlhauben ab. Daher werden die Szenarien auf Basis einer Heizhaube aufgestellt.

In Haubenglühanlagen werden Stahlcoils in Batch-Betriebsweise einer Rekristallisationsglühung nach dem Warm- oder Kaltwalzen unterzogen. Diese Anlagen werden auch für andere Materialien, wie z. B. Buntmetalle, oder weitere Wärmebehandlungsprozesse genutzt. In diesem Fall soll das Rekristallisationsglühen von Stahlbändern bei Zieltemperaturen von ca. 620-710°C beschrieben werden. Ein typisches Stapelgewicht liegt bei 80 t für eine Charge. Eine Haubenanlage modernster Bauart (HPH®, hohe Wärmerückgewinnung, Luftvorwärmung bis 600°C) ist in **Bild 7** dargestellt.

Szenario 1 (Basisszenario, Gasbeheizung mit fossilem Erdgas):

Für die beschriebenen Randbedingungen wird die Heizhaube mit einer Gasanschlussleistung von 1,5 MW versehen.

Bild 7: Haubenglühanlage für die Wärmebehandlung von Stahlcoils

Der feuerungstechnische Wirkungsgrad liegt für die beschriebene Haube bei $\eta_{f.} = 76$ %. Die gasbeheizte Haube entspricht dem Stand der Technik.

Szenario 2 (elektrische Beheizung):

Die rein elektrische Beheizung der Haube entspricht ebenfalls dem Stand der Technik und wird bei Anlagenbetreibern eingesetzt, bei denen die Verfügbarkeit von fossilen Brennstoffen schlecht oder die Preise im Vergleich zu elektrischem Strom hoch sind. Dabei wird die Innenfläche der Heizhaube mit konduktiv beheizten Drahtelementen ausgerüstet. Aufgrund der begrenzten beheizbaren Innenfläche von ca. 32 m² und einer angenommenen maximalen Flächenleistung von 25 kW/m² kann in der Heizhaube eine elektrische Heizleistung von maximal 800 kW untergebracht werden ($\eta_{el} = 98$ %). Das bedeutet, dass die Heizhaube zwar voll elektrisch zu betreiben ist, aber im Vergleich zu Szenario 1 ca. 30 % Leistungseinbußen zu erwarten sind.

Der direkte Vergleich der Leistungen (elektrisch zu gasbeheizt) erfordert unter Berücksichtigung der verschiedenen Wirkungsgrade eine installierte elektrische Leistung von 1,1 MW.

Szenario 3 (Hybride Beheizung):

In diesem Fallbeispiel ist der im Vergleich zu den anderen Beispielen extrem kleine und zylinderförmige Heizraum ein beschränkender Faktor für den Aufbau einer hybriden Beheizung. Unter Annahme der vollen installierten Gasleistung von 1,5 MW können aufgrund der Platzverhältnisse und der verfahrenstechnischen Randbedingungen nur zusätzlich etwa 300 kW elektrischer Leistung untergebracht werden. Das entspricht etwa 20 % flexibel zuschaltbarer Leistung.

Szenario 4 (Gasbeheizung mit regenerativen Brenngasen):

Für dieses Fallbeispiel gelten gleiche Randbedingungen wie für Fallbeispiel 1 und 2. Der Einsatz von „grünem" Erdgas (Power2Gas oder Biogas) ist sowohl was den Umbauaufwand als auch die Prozesssicherheit angeht unproblematisch. Der Einsatz von Wasserstoff ist technologisch anspruchsvoller. Geeignete Brenner werden aktuell im Versuchsmaßstab getestet. Der Einsatz von 100 % H_2 und Gemischen von H_2 und Erdgas ist geplant.

Zusammenfassung und Ausblick

Das Ziel einer klimaneutralen Gesellschaft ist unerlässlich, um die politischen definierten Klimaziele zu erreichen und somit die weitere Erwärmung des Klimas zu minimieren. Ein entscheidender Faktor ist hier eine deutliche Reduzierung des Einsatzes fossiler Brennstoffe, die in letzter Konsequenz in der Dekarbonisierung von Industrie und Gesellschaft

Tabelle 1: Zusammenfassung der Eignung verschiedener Beheizungstechnologien für die beschriebenen Prozesse, ++ sehr gut geeignet, + gut geeignet, o bedingt geeignet, - eher ungeeignet, -- nicht geeignet.

Fallbeispiel	Gas (fossil)	Rein elektrisch	Hybrid	Gas (erneuerbar)
Hubbalkenofen	Basis	--	-/o	++
Rollenherdofen	Basis	++	+	+
Haubenofen	Basis	+	o	+

mündet. Die Stahlindustrie gehört mit ca. 30 % der Gesamt-CO_2-Erzeugung zu den größten Emittenten in der Industrie. Es wurde gezeigt, dass das absolute CO_2-Einsparpotenzial im Upstream-Bereich am größten ist. Die notwendigen Investitionen sind im Gegensatz zu Maßnahmen im Downstream-Bereich sehr hoch. Daher sind Modernisierungen im Downstream-Bereich durchaus effizient, um den CO_2-Fußabdruck kurzfristig zu senken.

Unter der Voraussetzung, dass der Anteil an erneuerbaren Energien in den nächsten Jahren deutlich ausgebaut wird, gibt es verschiedene Technologien, um die CO_2-Emissionen von Wärmebehandlungsanlagen zu senken oder gar zu eliminieren. Hierzu gehören elektrische Beheizungsformen und der Einsatz grüner Brennstoffe, wie z. B. Wasserstoff, Biogas oder synthetische Brennstoffe (Power2Gas). Je nach Infrastruktur und Prozesserfordernissen können auch hybride Beheizungsformen technische und wirtschaftliche Vorteile generieren. In drei Fallbeispielen wurden das Potenzial und die Möglichkeiten zur technischen Umsetzung von verschiedenen Beheizungsszenarien dargestellt. Hieraus wird ersichtlich, dass prinzipiell für jeden Prozess, in Abhängigkeit der Preise und Verfügbarkeiten der notwendigen Beheizungsmedien, ggf. mehrere Optionen zur Dekarbonisierung der Anlagen in Frage kommen. Geeignete technisch-wirtschaftlich optimierte Lösungen können nur nach voriger Analyse der Prozesse und Infrastruktur erfolgen. In **Tabelle 1** werden die beschriebenen Szenarien und deren Bewertung im Hinblick auf die technische Umsetzbarkeit vereinfacht zusammengefasst. Viele der präsentierten technischen Lösungen entsprechen bereits dem aktuellen Stand der Technik und sind bereits großtechnisch einsetzbar bzw. sind bereits eingesetzt worden. Die Beheizung mit Wasserstoff als Brenngas ist für viele Anwendungsfälle bereits im Labor erfolgreich getestet. Die Verfügbarkeit in realen Industrieanlagen muss jedoch in Feldversuchen für die meisten Anwendungen noch nachgewiesen werden. Anhand der vorgestellten Fallbeispiele wurde gezeigt, dass die Thermoprozessbranche bereits heute in der Lage ist, die Wärmbehandlungsprozesse vollständig zu dekarbonisieren. Dennoch gibt es in diesem Bereich noch großes Entwicklungspotenzial hinsichtlich neuer Technologien und alternativer Brennstoffe.

Literatur

[1] United Nations: Paris Agreement, UN Treaty Collection, Vol. II Chap. 27; 7d, 2016

[2] Europäische Kommission: European green deal, Brüssel, Belgium, 2019

[3] Bundesministerium für Umwelt, Naturschutz und nukleare Sicherheit: Klimapakt Deutschland, www.bmu.de, Stand: 12. Mai 2021

[4] Arcelor Mittal Hamburg GmbH (Hrsg.): WiSaNo – Windstahl aus Norddeutschland, vom BMU geförderte Studie, Hamburg, Juni 2021

[5] Toktarowa, A. et al.: Pathway for Low-Carbon Transition of the Steel Industry – A Swedish Case Study, Energies, 13, 3840, 2020

[6] Duarte, P.: Hydrogen-based Steelmaking, Millennium Steel, London, United Kingdom, 2019

[7] Pfeifer, H.: Energiewende in der Thermprocesstechnik, Konferenzbeitrag, 2. Aachener Ofenbau- und Thermprocess Kolloquium, Aachen, 10.-11.Oktober 2019

[8] Nowakowski, T. et al.: Untersuchung der Auswirkung von Wasserstoff-Zumischung ins Erdgasnetz auf industrielle Feuerungsprozesse in thermprozesstechnischen Anlagen, AIF Abschlussbericht, IGF Vorhaben Nr. 18518 N/1, 2017

Autoren

Dr.-Ing. **Christian Wuppermann**
LOI Thermprocess GmbH
47059 Duisburg

Dipl.-Ing. **Christian Schrade**
LOI Thermprocess GmbH
47059 Duisburg

Die Einflüsse von Wasserstoff in Thermoprozessanlagen

Philipp Pietsch, Marcus Wiersig

Schlagwörter: Verbrennungsprozesse, Anlagentechnik

Im Zuge der Energiewende ist es nicht nur notwendig, den Strommarkt möglichst vollständig erneuerbar zu gestalten. Auch in der Thermoprozesstechnik, welche für rund 40 % des deutschen Erdgasverbrauches verantwortlich ist, ist es notwendig, drastisch die CO_2-Emissionen zu reduzieren. Für viele Anlagen ist eine elektrische Beheizung auf Grund der Anlagengröße und Energiedichte nicht möglich. Daher spielt zukünftig die Beimischung von Wasserstoff in Erdgas und die Nutzung von 100 % Wasserstoff für Verbrennungsprozesse eine zentrale Rolle. Derzeitig in Betrieb befindliche Thermoprozessanlagen sind allerdings für den Einsatz von Erdgas ausgelegt und optimiert. Die Beimischung von H_2 in Erdgas wirft daher Fragen auf, wie solche Endverbraucher auf die veränderten Eigenschaften des Erdgas-Wasserstoff-Gemisches reagieren und wie Transformationspfade zur Nutzung höherer Wasserstoffanteile bis zur reinen Wasserstoffanwendung aussehen können. Der vorliegende Artikel beschreibt die Auswirkungen höherer Wasserstoffkonzentrationen im Erdgas auf industrielle Verbrennungsprozesse und wie technologisch damit umgegangen werden kann.

The influences of hydrogen in thermoprocessing plants

During the energy transition, it is not only necessary to make the electricity market as completely renewable as possible. It is also necessary to drastically reduce CO_2 emissions in thermal processing technology, which is responsible for around 40% of German natural gas consumption. For many plants, electrical heating is not possible due to the plant size and energy density. Therefore, the admixture of hydrogen in natural gas and the use of 100% hydrogen for combustion processes will play a central role in the future. However, thermal process plants currently in operation are designed and optimized for the use of natural gas. Therefore, the blending of H_2 into natural gas raises questions about how such end-users react to the changed properties of the natural gas-hydrogen mixture and about transformation pathways for the use of higher hydrogen contents up to pure hydrogen application. This article describes the impact of higher hydrogen concentrations in natural gas on industrial combustion processes and how this can be dealt with technologically.

Thermodynamische Grundlagen und Strahlungsverhalten

Die Nutzung von Wasserstoff als Erdgas-Substitut bringt je nach Substitutionsgrad starke Veränderungen der Thermodynamik mit sich. So sinken Heizwert und Wobbeindex, die Verbrennungstemperaturen, Verbrennungsgeschwindigkeit und Zündverzugszeit steigen zum Teil stark an.

Bild 1 zeigt exemplarisch den Verlauf von Wobbe-Index und Heizwert für verschiedene Erdgas-Wasserstoff-Mischungen. Hieraus folgt, dass, gerade im Hinblick auf größere Anteile Wasserstoff im Erdgasnetz, Veränderungen in der Verbrennung auftreten werden und dementsprechend Umbauten und Retrofits notwendig werden.

Bezogen auf das Volumen hat Wasserstoff eine weitaus geringere Energiedichte als Methan bzw. Erdgas. Daraus resultierend wird bei höheren Wasserstoffanteilen für die gleiche Verbrennungsleistung mehr Brennstoff benötigt. Demgegenüber steht der Sauerstoffbedarf für eine stöchiometrisch ablaufende Verbrennung. Je mehr Wasserstoff im Brenngasgemisch vorhanden ist, desto weniger Sauerstoff wird für die chemische Umsetzung gebraucht. Dies ist in **Bild 2** dargestellt. Die Veränderungen des Sauerstoffbedarfs können auch Änderungen an der Luftversorgung der Brenner nach sich ziehen.

Als Kenngröße, die ausschließlich von der Zusammensetzung des Stoffgemisches, Temperatur, Druck sowie der Luftzufuhr abhängt, ist die laminare Verbrennungs-

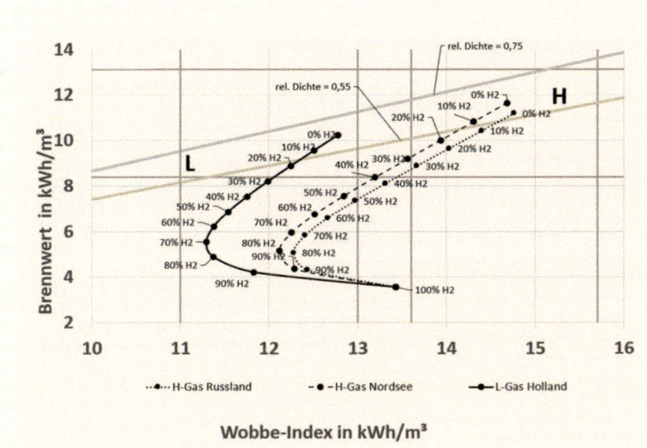

Bild 1: Brennwert-Wobbe-Index-Diagramm für ausgewählte H-Erdgase nach DVGW G 260 (09/21) mit H_2-Zumischung

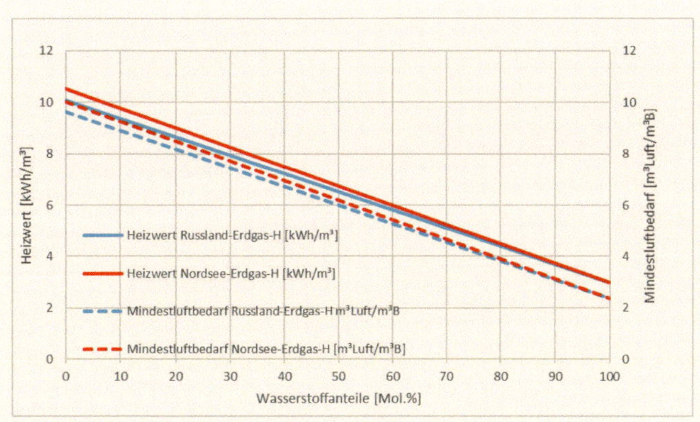

Bild 2: Heizwert/Mindestluftbedarf in Abhängigkeit von Wasserstoffanteilen in ausgewählten Erdgasen

geschwindigkeit eine weitere kritische Größe im Anlagenbetrieb. Sie kennzeichnet die Ausbreitung einer Flammenfront durch ein Brenngas und ist damit ein Maß für die Beschreibung der Reaktivität des eingesetzten Gasgemischs. Wasserstoff besitzt eine vielfach größere laminare Verbrennungsgeschwindigkeit als die bisher im Einsatz befindlichen höherkalorischen Erdgase. Dies führt zu Veränderungen von Flammensitz im Brenner und Flammenlänge und kann ohne zusätzliche Regelung oder Anpassung der Brennertechnik zu erhöhten Temperaturen am Brenner, veränderten Anlagentemperaturen oder auch Problemen mit der Flammenüberwachung führen.

Reduktionspotenzial von Abgasemissionen

Grundlegend für eine Einspeisung von Wasserstoff in das Versorgungsnetz ist die Tatsache, dass der Anteil an kohlenstoffhaltigen Verbindungen im Brenngas verringert wird. Dadurch können die CO_2-Emissionen von feuerungstechnischen Anlagen mit Ersatz von Erdgas durch Wasserstoff reduziert werden.

Auch die Emission von unverbrannten Kohlenstoffverbindungen wie CO oder auch langkettigeren Kohlenwasserstoffen wie Formaldehyd, Dioxine oder auch Furane stellt für diverse Verbrennungsprozesse eine wichtige Kenngröße der Verbrennung dar. Über die Bundes-Immissionsschutzverordnungen (BImSchV) werden Grenzwerte zur Einhaltung der Emissionen für verschiedene Thermoprozesse festgelegt. Beeinflusst werden die Emissionen zum Beispiel durch das Einstellen des Verbrennungsluftverhältnisses. Das Einstellen eines mageren Brennstoff-Luft-Gemisches begünstigt zwar eine vollständige Verbrennung, ein zu hoher Verbrennungsluftanteil mindert jedoch die Effizienz der Thermoprozessanlage. Das Beimischen von Wasserstoff kann aufgrund einer besseren Reaktionskinetik den Ausbrand verbessern und dadurch zur Emissionsminderung von unverbrannten Kohlenstoffverbindungen beitragen.

Zu beachten gilt allerdings, dass Wasserstoff auch eine Erhöhung der Verbrennungstemperaturen mit sich bringt. Dies kann die Bildungsrate von Thermischem NO_X erhöhen und somit für steigende NO_X-Emissionen sorgen.

Wasserstoffeinfluss auf die Verbrennungsregelung, Brennstoffführung und Flammenüberwachung

Brennstoffführungssysteme nach DIN EN 746-2

Da Wasserstoff auch unterschiedliche Einflüsse auf Dichtungs- und Rohrleitungswerkstoffe hat, wurden in den letzten Jahren auch Funktionsprüfungen an Brennstoffführungssystemen nach DIN EN 746-2 durchgeführt. [1] Die hier getätigten Funktionsprüfungen konnten für viele konventionelle, für Erdgas ausgelegte Bauteile ohne Einschränkung durchgeführt werden. Die getesteten Druckniveaus konnten weiterhin geregelt werden. Alle sicherheitsrelevanten Bauteile funktionierten wie vorgesehen. Da die Versuche bis 100 % Wasserstoffanteil durchgeführt wurden, lässt sich die Funktionsfähigkeit auch auf alle Beimischungen übertragen. Die durchgeführten Alterungsversuche zeigten keinerlei wasserstoffinduzierte Degradation an Dichtungswerkstoffen, Membranen oder Ventiltellern. Dementsprechend kann auch hier eine eingeschränkte Tauglichkeit ausgesprochen werden. [1] Inzwischen werden von Armaturenherstellern auch Wasserstofflinien angeboten.

Zusammenfassend leitet sich die Aussage ab, das konventionelle Erdgas-Regelstrecken nach DIN EN 476-2 eine prinzipielle Eignung für den Betrieb mit 100 % Wasserstoff zeigen. Unterschiede können allerdings vor allem in der Dimensionierung auftreten. Aufgrund des deutlich geringeren Heizwertes müssen höhere Volumina transportiert werden. Dies wird zwar zum Teil durch den Verlauf des Wobbe-Index für hohe Wasserstoffanteile ausgeglichen (vgl. Bild 1), kann aber nicht komplett kompensiert werden. Dies kann unter Umständen dazu führen, dass Bauteile zu klein dimensioniert sind.

Flammenüberwachung

Unterschiede im Betrieb bei reiner Nutzung oder Beimischung von Wasserstoff können bei der Flammenüberwachung auftreten. Insbesondere für reinen Wasserstoff ist eine Überwachung der Flamme mittels Ionisationsstrom nicht mehr möglich, da die Leitfähigkeit des heißen Gases nicht ausreicht. Dieses Phänomen tritt auch schon in gewissem Umfang bei Wasserstoffbeimischungen oberhalb von 50 % auf. Dies hat zur Folge, dass die Flamme optisch überwacht werden muss. Hier eignen sich UV-Flammenwächter. Beispielhaft ist die sehr gute Detektierbarkeit von Wasserstoffflammen in **Bild 3** zu erkennen. Insbesondere der UV-Wellenlängenbereich bei 305 nm, emittiert von den OH-Verbrennungsradikalen, steigt mit steigendem Wasserstoffanteil im Erdgas deutlich in der Intensität an. Andere Wellenlängenbereiche, speziell der Kohlenstoffradikale, sinken mit steigendem Wasserstoffanteil deutlich ab, was mit der Abwesenheit von Kohlenstoffatomen sehr einfach begründet werden kann. Diese Strahlungseigenschaften führen bei wasserstoffreichen Flammen dazu, dass ihre Sichtbarkeit im sichtbaren Lichtbereich deutlich geringer ist und hauptsächlich von der roten Strahlung des Wasserdampfes herrührt. Die typischen blauen oder im Randbereich gelben Verbrennungsfronten eines Erdgasbrenners verschwinden mit steigendem Wasserstoffanteil.

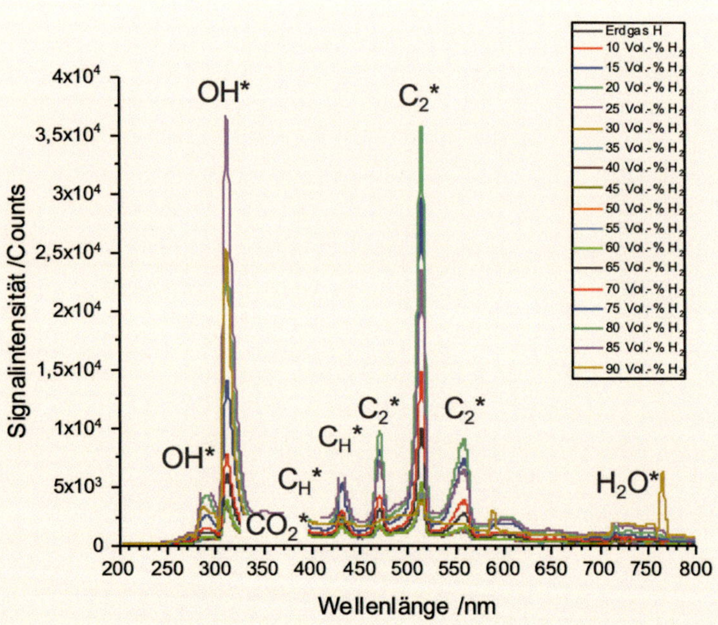

Bild 3: Strahlungsintensität von verschiedenen Erdgas-Wasserstoff-Mischungen – Messungen durchgeführt durch die Universität Duisburg-Essen, Institut für Verbrennung und Gasdynamik, Lehrstuhl für Fluiddynamik- Tomographie Gruppe, Prof. Dr. Khadijeh Mohri

Diesen Beobachtungen folgend, ist es zukünftig notwendig, die Flammenüberwachung optisch durchzuführen. Gerade die UV-Sensorik ist bestens geeignet für wasserstoffreiche Flammen. Auch Marktdurchdringung und Preisniveau sind hier inzwischen sehr kompetitiv, sodass die Autoren empfehlen, auch derzeitig im Neubau oder in der Instandsetzung befindliche Anlagen damit auszurüsten.

Verbrennungsregelung

Hauptsächlich an älteren Anlagen, aber auch an Wärmebehandlungsanlagen mit sehr vielen Brennern findet nach wie vor keine Regelung der Verbrennung statt, sondern Verbrennungsluft- und Brennstoffmenge werden einmalig passend eingestellt und dann belassen. Diese gängige Praxis ist bei konstanten Gasbeschaffenheiten ohne Nachteile. Sollten allerdings stärkere Schwankungen in der Gasbeschaffenheit auftreten, können sich an so eingestellten Brennern schnell Zustände einstellen, welche für den Betrieb der Anlage und der entstehenden Emissionen nicht optimal sind. Im Rahmen der Projekte zu Gasbeschaffenheitsschwankungen [2] wurden Empfehlungen entwickelt, diese Art der „Regelung" für Regionen zu begrenzen, wo die Schwankungen des Wobbe-Index kleiner sind als ± 2 %. Für eine Einspeisung von Wasserstoff in das Erdgasnetz ist zu erwarten, dass diese zumindest in gewissem Maß EE-Strom geführt stattfinden kann. Für diesen Fall eines EE-Strom geführten Wasserstoffanteils können die Schwankungen des Wobbe-Index theoretisch mehr als ± 2 % betragen, insbesondere vor dem Hintergrund, dass zukünftig bis zu 20 Vol.-% Wasserstoff im Erdgas enthalten sein können. In **Bild 4** ist beispielhaft aufgetragen, wie hoch die Schwankungsbreite der Wasserstoffeinspeisung sein darf, um noch eine maximale Wobbe-Index-Schwankung von ± 2 % zu gewährleisten. Für eine maximale Einspeisemenge von 20 Vol.-% Wasserstoff läge der minimal mögliche Wert bei etwa 8 % Wasserstoff, welcher nicht unterschritten werden dürfte. Der mittlere Wert müsste dann auf rund 13,5 Vol.-% Wasserstoff im Erdgas festgelegt werden.

Alternativ zu diesem derzeitig recht theoretischen Einspeiseszenario bietet sich die Möglichkeit, den Feuerungsprozess permanent auszuregeln. Hierfür bieten sich verschiedene Regelungsszenarien an, welche bis zu einem gewissen Grad eine Regelung entlang volatiler Wasserstoffmengen erlauben. Um konkrete Aussagen über technische Anpassungsmöglichkeiten für den Einsatz von 20 Vol.-% Wasserstoff mit hohen volatilen Anteilen treffen zu können und in welchem finanziellen Rahmen diese Anpassungsmöglichkeiten liegen, ist für die individuelle Anlage zunächst entscheidend, welcher Umfang an Mess- und Regelungstechnik bereits eingesetzt wird bzw. welche Komponenten ggf. nachgerüstet werden müssten. Gerade ältere Thermoprozessanlagen verfügen über keine MSR-Technik, die hierfür genutzt werden kann. Folgende Regelungsszenarien bieten sich an:

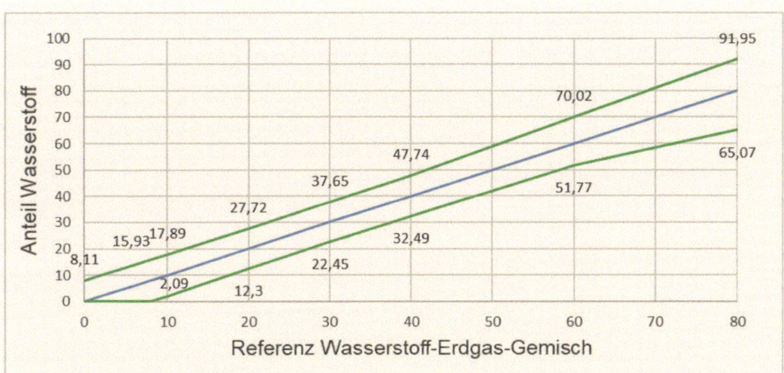

Bild 4: Schwankungsbreite der Wasserstoffbeimischung bei einer zulässigen Wobbe-Index-Schwankung von ±2 %

Regelung vor der Verbrennung

Eine Regelung vor der Verbrennung erfordert eine Bestimmung der Gasbeschaffenheit vor dem Prozess. Dies kann sowohl in Form einer kontinuierlichen Messung mit einem Verbrennungskalorimeter als auch mit Wobbe-Messgeräten oder mittels Gaschromatographie stattfinden. Auch optische Gasbeschaffenheitsmessgeräte bieten sich für eine solche Regelung an. Zusätzlich muss eine Messung und Regelung der Verbrennungsluft stattfinden. [2]

Messung während der Verbrennung

Technisch am einfachsten aufgebaut sind Temperaturmessverfahren im Verbrennungsraum, am Brenner oder im Bereich des Wärmeübertragers. Um optimale Betriebsbedingungen auf Basis von Temperaturmessungen abzuleiten, werden empirisch entsprechende Korrelationen bestimmt. Diese Korrelationen können als Kennlinienfelder für die Regelung abgelegt werden. Zahlreiche Prozesse wie z. B. Glasschmelzwannen werden bereits vor allem nach relevanten Temperaturen geregelt. Eine Nachrüstung bestehender Anlagen mit Temperaturfühlern an geeigneten Stellen ist eine weitere Möglichkeit, vor allem sicherheits- bzw. steuerungsrelevante Prozessdaten zu gewinnen und dadurch auch Gasbeschaffenheitsschwankungen kompensieren zu können. Dieses Verfahren eignet sich allerdings weniger für sehr stark schwankende Beschaffenheiten. [2]

Derzeit befinden sich neue Regelungsmechanismen in der Entwicklung, welche auf Basis der in Bild 3 gezeigten Spektren zukünftig in der Lage sein werden, den Wasserstoffanteil im Erdgas optisch während der Verbrennung zu bestimmen und darauf zu reagieren. Gekoppelt mit einer entsprechenden Abgassensorik, können hieraus zukünftig günstige und sehr schnell reagierende MSR-Regime aufgebaut werden, welche auch große Schwankungen ausregeln können.

Messung nach der Verbrennung

Regelungen, welche auf die Verbrennungsqualität reagieren, basieren weitestgehend auf einer Abgassensorik. Die Messungen des Sauerstoffgehaltes im Abgas erfolgen typischerweise mittels einer Sauerstoff-Sonde auf Zirkondioxidbasis oder einem paramagnetischen O_2-Sensor, welche die kontrollierte Einstellung der Anlage auf einen fest vorgegebenen Wert erlaubt. Die am Markt verfügbaren Sonden gelten als langzeitstabil und wartungsarm. Die O_2-Überwachung bei stationären Feuerungsanlagen gibt nicht unbedingt einen Hinweis auf eine vollständige Verbrennung, vor allem zu „kühle" Flammen können bei unzureichendem Ausbrand scheinbar ausreichend hohe O_2-Werte aufweisen. Der CO-Sensor misst analog zur Sauerstoff-Sonde den Kohlenstoffmonoxid-Gehalt und regelt den Luftbedarf gemäß den CO-Vorgaben nach. Durch die Auswertung des vom CO-Sensor gemessenen Signals ermittelt die Emissionskantenregelung einen Betriebspunkt, bei dem hinreichend niedrige CO-Emissionen sichergestellt sind. Aus Gründen der Wirtschaftlichkeit bietet sich eine Kombination aus CO- und O_2-Messung an, da hier der Luftüberschuss bei gleichzeitiger CO-Kontrolle minimiert werden kann. Die Minimierung des Luftüberschusses bis an die CO-Emissionskante erhöht die Prozesseffizienz, da die Abgasverluste und die CO-Emissionen gleichzeitig optimal reduziert werden können. [2]

Eine Messung hinter der Verbrennung hat immer den Nachteil, dass sie einen gewissen Zeitverzug aufweist. Insbesondere bei sehr großen Anlagen mit vielen Brennern ist sie zusätzlich nachteilig, da nicht auf die einzelnen Brenner zurückverfolgt werden kann.

Einflüsse auf Anlagentechnik und Produkte

Neben den Einflüssen von Wasserstoff auf die Verbrennungsqualität und -regelung wie auch auf die Bauteile der Brennstoffführung gibt es auch bereits bekannte Auswirkungen auf die Prozessabläufe und Produkte. Derzeit ist vor allem im Bereich der Produktverträglichkeiten ein erhöhter Forschungsbedarf zu bemerken, da insbesondere in Schmelz- und Wärmebehandlungsanlagen durchaus Wechselwirkungen von unverbranntem Wasserstoff oder auch hohen Wasserdampfgehalten mit Wärmegut oder Feuerfestmaterialien bestehen können.

Eine Zunahme des Wasserdampfanteils im Abgas kann Auswirkungen auf Prozesse haben, die auf der Gasstrahlung von CO_2 basieren. Sie können in ihrer Effizienz bzw. durch eine veränderte Wärmeübertragung an das zu erwärmende Gut in ihrer die Produktqualität beeinträchtigt werden. Die Wärmeübertragung mit höherem Wasserdampfgehalt im Rauchgas erfolgt vermehrt über Konvektion. [3] hat den Einfluss von Wasserdampf im Rauchgas bei einer Beimischung von 50 Vol.-% Wasserstoff mittels CFD-Simulationen untersucht. Gegenüber stehen sich die Ergebnisse einer Simulation mit Erdgas bzw. einer Simulation mit einem Gemisch aus Erdgas und 50 Vol.-% Wasserstoff. Für die Simulation mit 50 Vol.-% Wasserstoff wurde die Brennstoff- und Luftzufuhr auf die Brennerleistung und Luftzahl der Erdgas-Simulation eingestellt. Die Temperaturfelder einer aufgeklappten Brennkammer zeigen, dass bei 50 Vol.-% Wasserstoff eine etwas höhere Wärmestromdichte mit höheren Temperaturen an der Brennkammer berechnet wurden. Daraus lässt sich vermuten, dass die vom CO_2 ausgehende Wärmestrahlung durch konvektive Wärmeübertragung des Rauchgases, mit erhöhtem Wasserdampfanteil, zum Teil kompensiert werden kann. Nichtsdestotrotz kann dies anlagenabhängig auch zu deutlich veränderten Wärmemengen führen.

Anlagensteckbriefe

Insbesondere die spezifischen Einflüsse von wasserstoffreichen Brenngasen hat das DBI in den letzten Jahren zu Anlagensteckbriefen zusammengefasst. Diese Datenbasis wird laufend anhand neuester Forschungsergebnisse ergänzt und fortgeschrieben, um die Aktualität zu erhalten. Zusätzlich wurde im Jahr 2021 ein erstes EU-Projekt [4] mit Beteiligungen aus diversen EU-Staaten durchgeführt, welches unter anderem das Ziel hat, europäisches Wissen über den Einfluss von Wasserstoff zu sammeln.

Nachfolgend sind Forschungsergebnisse für typische Thermoprozessanlagen als Auszug aus den DBI-Steckbriefen beschrieben:

Aluminiumschmelzen

Wasserstoff löst sich als einziges Gas in festem und flüssigem Aluminium ab 660 °C. Die Wasserstofflöslichkeit nimmt mit der Temperatur zu und ist abhängig vom Wasserstoffpartialdruck. Ein erhöhter Wasserstoffgehalt in der Schmelze führt zu erhöhter Gasporosität im Produkt und folglich zu einer Minderung der Produktqualität. [5] Derzeit ist die Hauptursache für erhöhte Wasserstoffgehalte in Aluminiumschmelzen Wasserdampf (Witterung, feuchtes Gut, Oxidationsschicht am Gut). Der Wasserdampf wird durch die Aluminiumschmelze zerlegt. Der entstehende Wasserstoff wird im Aluminium gelöst, der gebildete Sauerstoff reagiert exotherm zu Aluminiumoxid und bildet eine Oxidationsschicht auf der Schmelze, auch bekannt als „Krätze“ [6]. Durch eine zusätzliche Feuerung mit Wasserstoff steigen die Wasserdampfgehalte im Abgas an und können diesen Effekt weiter fördern. Legierungszusätze können die Wasserstofflöslichkeit der Schmelze senken (Kupfer, Mangan, Nickel, Silizium, Zink, Zinn). Entgaser können genutzt werden, um den Wasserstoffgehalt der Schmelze zu reduzieren [6]. Nichtsdestotrotz sind hier weitere umfangreiche Forschungsarbeiten notwendig. Bei Tiegelöfen ist die Gasqualität in Bezug auf die Produktqualität nicht relevant. Bei tiegellosen Öfen führt ein erhöhter Wasserstoffanteil zu höheren Wasserstoffgehalten in der Aluminiumschmelze. Untersuchungen bezüglich eines maximales Wasserstoffgehalts im Brenngas sind bis dato nicht erfolgt.

Wärmbehandlung von Stahl

Die Feuerungstechnik von Wärmebehandlungsanlagen weist meist eine sehr einfache Verbrennungsregelung auf, bei der nur einmal auf die lokale Gasbeschaffenheit eingestellt wird. Dies macht die Feuerungstechnik sensibel für Gasbeschaffenheitsschwankungen. Die eingesetzten MSR-Konzepte sind oftmals sehr einfach aufgebaut und sorgen dafür, dass die Verbrennungssteuerung nicht auf Schwankungen der Gasbeschaffenheit reagieren kann. Insbesondere für die Beimischung von Wasserstoff in die Feuerung ist es deswegen notwendig, die MSR-Technik und Verbrennungsregelung aufzurüsten oder den Wasserstoffanteil konstant zu halten. Veränderungen im Flammenbild durch die Wasserstoffverbrennung können für direkt wie auch indirekt beheizte Prozesse zu Veränderungen im Wärmeübertragungsverhalten sorgen. Dies kann bei Strahlungsrohren auch zu Temperaturspannungen und Beschädigungen führen. [7, 2, 3]

Wechselwirkungen mit Produkten sind in direktbeheizten Wärmebehandlungsanlagen von größter Relevanz, da sich unverbrannter Wasserstoff vor allem in nahe-stöchiometrischen Prozessen an das Gefüge anlagern kann. Dies ist anlagen- und produktspezifisch und kann nicht generalisiert behandelt werden. Für verschiedene Stähle wird ein Abkohlen unter Wasserstoff- und Wasserdampfhaltigen Atmosphären befürchtet. Entscheidend sind notwendige Atmosphärenbedingungen bei der Wärmebehandlung (reduzierend, oxidierend, Abkohlungserscheinungen) und der Anteil an unverbranntem Wasserstoff.

Glasschmelzen

Wie bei allen Feuerungsprozessen ist natürlich im Besonderen auf die oben genannten Änderungen an MSR und Feuerungstechnik hinzuweisen. Zusätzlich sind Wechselwirkungen mit dem Produkt und dem Feuerfestmaterial bekannt.

Erste Tests mit einer reinen Wasserstoffbeheizung in einer Pilotanlage zeigten bei verschiedenen Glassorten eine gute Regelbarkeit von Leistung und Anlagentemperatur. Auch die erzeugte Glasqualität entsprach dem Standard. Trotzdem konnte beobachtet werden, dass die höheren Wasserdampfgehalte Änderungen an der Glasqualität verursachen können [8]. Auch besteht die Gefahr von erhöhten Spannungen und Längsrissen im Flachglas [9].

Die Feuerfestmaterialien können durch die erhöhte Löslichkeit von Alkali aus dem Glas bei erhöhter Wasserdampfatmosphäre zusätzlich belastet werden und schneller verschleißen. Auch die Bildung von Säuren durch aus dem Schmelzgut gelöste Stoffe steigt, da auf Grund höherer Wasserdampfgehalte eine erhöhte Kondensation an kalten Oberflächen entsteht. Dies kann beispielsweise gekühlte Metalloberflächen schneller verschleißen. [10, 11]

Zusammenfassung

Die Nutzung von Wasserstoff und vor allem Wasserstoff aus erneuerbaren Quellen bietet die Chance, industrielle Thermoprozesse zukünftig klimaneutral betreiben zu können. Dies bedarf allerdings noch einiger prozessspezifischer Untersuchungen hinsichtlich Anlagenverträglichkeit, Produkteignung und Betriebsweise. Hier sind sowohl öffentlich geförderte Projekte zur Grundlagenforschung notwendig als auch gemeinsame Anstrengungen von Betreibern, Herstellern und Forschungsinstituten. Trotzdem scheint eine Transition, ggf. auch über den Umweg einer Beimischung ins Erdgas, heute schon zu Teilen möglich. Dadurch bietet sich der Branche eine Möglichkeit, Produktionsstandorte zu erhalten und neue Produktlinien zu eröffnen, welche zukünftig als CO_2-neutral beworben werden können.

Literatur

[1] Drossel, G.; Friedrich, S.; Kammer, C.; Lehnert, W.; Wenglorz, H.-W.: Aluminium Taschenbuch 2: Umformung, Gießen, Oberflächenbehandlung, Recycling. 17. Auflage, Beuth Verlag, Berlin, 2018

[2] Ebner, M.: Spültechnologie in der Aluminiumsekundärmetallurgie. Diplomarbeit, 2014

[3] Pietsch, P.; Wiersig, M.; Werschy, M.: Einfluss von Wasserstoffanteilen im Erdgas auf Bauteile der DIN EN 746-2, 2018

[4] Krause, H.; Werschy, M.; Franke, S.; Giese, A.; Benthin, J.; Dörr, H.: Untersuchungen der Auswirkungen von Gasbeschaffenheitsänderungen auf industrielle und gewerbliche Anwendungen. Abschlussbericht DVGW Forschungsprojekt G 1/06/10, 2014

[5] Nowakowski, T.: Untersuchungen der Auswirkung von Wasserstoff. Zumischung ins Erdgasnetz auf industrielle Feuerungsprozesse in thermoprozesstechnischen Anlagen, 2017

[6] Leicher, J.; Nowakowski, T.; Giese, A.; Görner, K.: Hydrogen in natural gas: how does it impact industrial end users? Forschungsprojekt „H_2-Substitution", AiF Grant No. IGF18518 N/1

[7] Spielmann, S.: H_2-Einspeisung in das Erdgasnetz. Bedenken und mögliche Probleme für die Glasindustrie (als Beispiel für einen industriellen Fertigungsprozess) (Wasserstoff im Brenngas- Prozessfeuerung). 2012

[8] Leicher, J.: Einfluss von Gasbeschaffenheitsänderungen auf den Glasherstellungsprozess Teil 4: Gasbeschaffenheitsänderungen und ihre Auswirkungen auf industrielle Feuerungsprozesse. HVG-Mitteilung 2163

[9] Faber, A. J.: Towards CO_2 free glass manufacturing, 12th AFPG/Glass meeting, 2020

[10] [GERG] https://www.gerg.eu/project/hydrogen/

[11] Kopernikus - Geschäftsstelle, Projektträger Jülich, Glasherstellung mit Grünem Wasserstoff erstmals erfolgreich getestet 2021.

Autoren

Dipl.-Ing. **Philipp Pietsch**
Teamleiter Thermoprozesstechnik
DBI Gas- und Umwelttechnik GmbH
Freiberg
philipp.pietsch@dbi-gruppe.de

Dipl.-Ing. **Marcus Wiersig**
Fachgebietsleiter Gasanwendung
DBI Gas- und Umwelttechnik GmbH
Freiberg
marcus.wiersig@dbi-gruppe.de

Veränderungen durch Wasserstoff beim Betrieb von Rekuperator-, Impuls- und Flachflammenbrennern

Heinz-Peter Gitzinger, Lars Schröder, Matthias Rieken

Schlagwörter: Rekuperatorbrenner, Impulsbrenner, Flachflammenbrenner

Wasserstoff als Brennstoff ist aktuell ein sehr präsenter Ansatz zur Vermeidung von Treibhausgasen. Dieser Fachbeitrag befasst sich mit der Auswirkung von Wasserstoff-Erdgas-Gemischen als Brennstoff auf Industriegasbrenner. Zunächst wird die Auswirkung theoretisch betrachtet. Es wird beispielhaft dargestellt, welche Steuerungsmöglichkeiten dem Betreiber zur Verfügung stehen, um zukünftige Veränderungen des Brennstoffes zu kompensieren. Des Weiteren werden Laboruntersuchungen präsentiert, welche den Einfluss verschiedener Wasserstoff-Erdgas-Gemische auf die Drücke, Materialtemperaturen und Emissionen unterschiedlicher Brennertypen darstellen.

Changes due to hydrogen during the operation of recuperator, impulse and flat flame burners

Hydrogen as a fuel is currently a very present approach to avoid greenhouse gases. This paper deals with the impact of hydrogen-natural gas mixtures as fuel on industrial gas burners. First, the effect is considered theoretically. An example is given of the control options available to the operator to compensate for future changes in the fuel. Furthermore, laboratory tests are presented, which show the influence of different hydrogen/natural gas mixtures on the pressures, material temperatures and emissions of different burner types.

Einleitung

Das globale Streben zur Reduzierung, bis hin zur Vermeidung von Treibhausgasen war und ist stets eine Innovationsmaschine für Industrien, welche fossile Brennstoffe verbrauchen. Ein Drehpunkt der Innovationsgedanken ist bis heute die Steigerung der Effizienz. Dieser Drehpunkt wurde in den letzten Jahren um das Thema der alternativen Brennstoffe erweitert, wobei hier der Wasserstoff die dominante Position einnimmt.

Die Komplexität in der Betrachtung eines alternativen Brennstoffes ist jene, dass nicht nur das brennstoffverbrauchende Produkt (z. B.: der Industriegasbrenner), sondern auch die Versorgungsperipherie bis hin zur Erzeugung des Brennstoffes bewertet werden muss.

Das CO_2-Minderungspotenzial

Die Motivation, Erdgas durch Wasserstoff zu substituieren, wird durch den Fakt getrieben, dass bei der Wasserstoffverbrennung keine Kohlenstoffdioxide anfallen. Dies reduziert die Treibhausgasemission und ermöglicht konsequenterweise eine Reduzierung der Kosten für die Kohlendioxidfreisetzung.

Bild 1 zeigt ein nicht lineares Verhältnis zwischen dem CO_2-Minderungspotenzial und der Wasserstoffbeimengung im Erdgas, welches auf den geringen Heizwert von H_2 zurückzuführen ist. So liefert ein Anteil von z. B. 40 % H_2 nicht einmal 20 % der Heizleistung und führt damit auch nur zu einer CO_2-Minderung von unter 20 %. Diese

Zusammenhänge sind kaum abhängig vom Heizwert typischer Erdgase H oder L.

Vor diesem Hintergrund ist weiterhin die Effizienz von großer Bedeutung, um den Brennstoffverbrauch in Summe zu reduzieren.

Steuerungsmöglichkeiten durch den Betreiber

Mit einem veränderten Brenngas steht der Betreiber vor der Wahl einer veränderten Steuerung seiner Anlagen. Unabhängig davon, dass im jeweiligen Einzelfall spezielle Randbedingungen zu berücksichtigen sind und unterschiedliche Ziele priorisiert werden können, lassen sich drei wesentliche Steuerungsmaßnahmen als Randbedingungen für eine orientierende Übersicht darstellen:

- A) Gas- und Luftdruck konstant (ohne Veränderungen)
- B) Luftdruck und Luftverhältnis konstant (nur Gasdruck erhöht)
- C) Leistung und Luftverhältnis konstant (Gasdruck und Luftdruck angepasst).

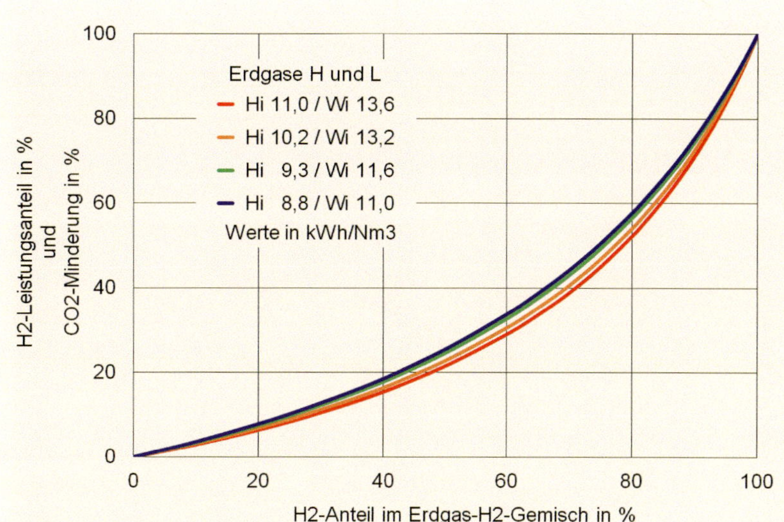

Bild 1: Leistungsanteil von Wasserstoff in Erdgas-Wasserstoff-Gemischen sowie damit erzielbare CO_2-Minderung in Abhängigkeit vom Wasserstoffanteil für verschiedene Erdgase mit typischen Heizwerten (Hi) und Wobbeindizes (Wi)

A) Zunächst soll die einfachste Art der Steuerung betrachtet werden, die keinen Zusatzaufwand erfordert: Eine unveränderte Beibehaltung der meist vorhandenen Konstant-Druck-Regelung von Gas und Brennluft. Die nachfolgend beschriebenen Effekte dazu sind in einzelnen Diagrammen in der linken Spalte von **Bild 2** zusammenfassend dargestellt.

Aufgrund des im Vergleich zu den verschiedenen Erdgasen deutlich geringeren Heizwertes von Wasserstoff sinkt bei konstantem Gasdruck mit steigendem Wasserstoff-Gehalt im Mischgas die eingebrachte Leistung. Dieser Effekt kann durch die geringere Dichte von Wasserstoff und dem dadurch erhöhten Volumenstrom bei konstantem Vordruck nicht ausgeglichen werden. Der erhöhte Volumenstrom führt jedoch zu erhöhten Geschwindigkeiten in den Rohrleitungen und Bauteilen.

Mit konstantem Luftvolumenstrom steigen bei reduzierter Leistung der Luftüberschuss und der Sauerstoffgehalt im Abgas. Ausgehend von einer Brenner-Einstellung bei reinem Erdgas mit 15 % Luftüberschuss (Luftverhältnis lambda 1,15) und 3 % Sauerstoff im trockenen Abgas steigt bereits bei einem Wasserstoffanteil von 20 % der Sauerstoffgehalt auf etwas über 4 %. Auswirkungen auf das Nutzgut z. B. hinsichtlich der Zunderbildung bei Stählen sind zu beachten. Mit dem erhöhten Luftüberschuss steigt auch der Abgasverlust; der feuerungstechnische Wirkungsgrad sinkt. Die Abgasmenge ist weitgehend konstant und steigt erst bei sehr hohen Wasserstoffkonzentrationen etwas an.

Je nach Erdgasqualität erreichen die Auswirkungen im Bereich von 70 bis 90 % Wasserstoff im Gasgemisch ein Maximum. Bei noch höheren Wasserstoffgehalten steigt der Einfluss der sehr geringen Wasserstoff-Dichte und ausgehend von einem Heizwert-armen Erdgas L kann sogar eine Umkehrung des Effektes der Leistungsminderung gefunden werden. Unabhängig davon bleibt jedoch der sehr starke und nachteilige Einfluss auf den Luftüberschuss erhalten.

Aufgrund der beschriebenen Nachteile sind bei höheren Wasserstoffbeimischungen (ab etwa 10 % Wasserstoff) Eingriffe in die Regelung zu prüfen.

B) Für die Regelungs-Variante bei konstantem Luftdruck und für kontantes Luftverhältnis zeigt die mittlere Spalte von Bild 2 die erforderliche, deutliche Erhöhung des Gasdrucks und die damit verbundenen erhöhten Werte für die Leistung und die Gasgeschwindigkeit. Bei einem bis zu mehr als doppeltem Gasdruck würde die Leistung etwa um 20 % steigen. Die Abgasmenge bliebe auch hier nahezu unverändert.

C) Für konstante Werte von Leistung und Luftverhältnis ist eine vom Wasserstoffgehalt abhängige Regelung des Luftdrucks und des Gasdrucks erforderlich. Die rechte Spalte von Bild 2 zeigt dazu die erforderlichen maximal zu erwartenden Werte für den Gasdruck, die zu mindernde Luftmenge und die damit verbundene Minderung der Abgasmenge. Die erforderliche Erhöhung des Gasdrucks fällt hier moderater aus und könnte ausgehend von Erdgas L für 100 % Wasserstoff sogar vernachlässigbar erscheinen.

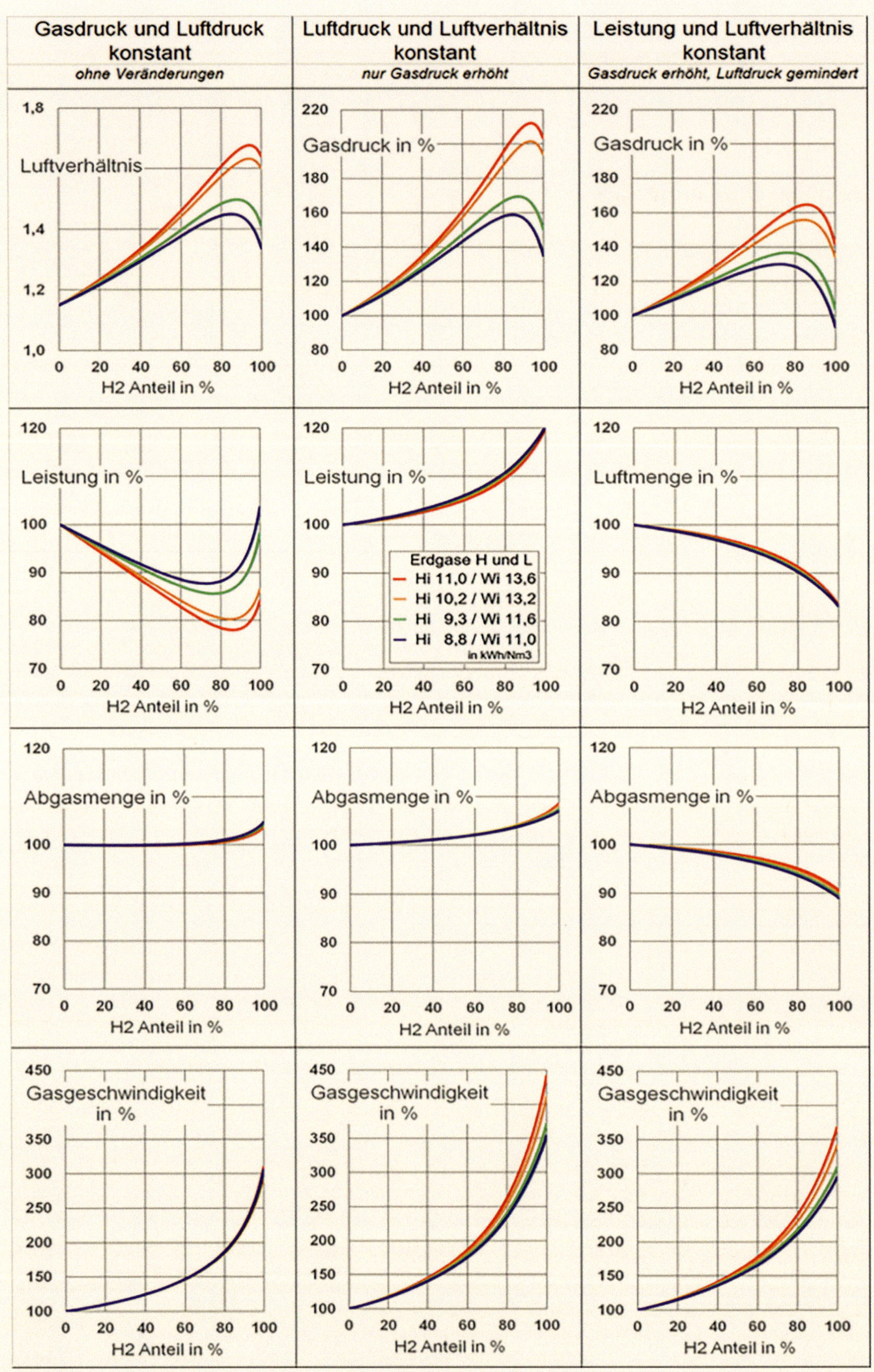

Bild 2: Steuerungsstrategien sowie unabhängig von der Beheizungs- und Brenner-Art berechnete, maximale Auswirkungen auf die Verbrennung in Abhängigkeit vom Wasserstoffanteil für verschiedene Erdgase H und L

Die einzelnen Zusammenhänge an realen Anlagen sind in der Stärke der Auswirkung auch von der Art der Beheizung und der jeweiligen Brennerbauart bzw. Art der Flammenstabilisierung abhängig. So wirken sich die Veränderungen zum Beispiel bei Strahlheizrohrbrennern mit wesentlichen Druckverlust-Anteilen im Bereich der Flammengase (Brennkammerdüse) und der abkühlenden Abgase (Rekuperator) geringer aus als bei einem Flachflammenbrenner, bei dem der gesamte Brenngas-Vordruck im Bereich der Brenngasführung und der Gasdüse abgebaut wird. In Bild 2 sind unabhängig davon die maximal möglichen Auswirkungen dargestellt.

Ergebnisse Rekuperatorbrenner ECOMAX LE

Untersuchungen mit der neuesten Generation des Rekuperatorbrenners ECOMAX LE mit flammenlosem Betrieb für geringste NO_x-Emissionen konnten zeigen, dass auch bei höchsten H_2-Beimischungen zum Erdgas der Brenner sicher mit Flamme und im flammenlosen Betrieb betrieben werden kann (**Bild 3**).

Bei den Untersuchungen wurde der Rekuperatorbrenner gemäß Szenario C mit konstanter Leistung und konstantem Luftüberschuss eingestellt und betrieben. Dabei konnte gezeigt werden, dass wie erwartet der real erforderliche statische Gasdruck weniger stark erhöht werden muss, als maximal theoretisch berechnet werden kann (siehe Bild 2). Der erforderliche statische Gasdruck ergibt sich aus der Summe aller auftretenden Druckverluste auf dem Strömungsweg von der Gaszuleitung bis zum Abgasaustritt. Bei den im System auftretenden einzelnen Druckverlusten muss dann zwischen den Brenngas-bedingten und den Brennluft- oder Abgas-bedingten Druckverlust-Anteilen unterschieden werden. Bei der Zumischung von Wasserstoff erhöhen sich wie beschrieben nur die Brenngas-bedingten Anteile. Dagegen sinken aufgrund des verminderten Luft- und Abgasvolumenstroms die Druckverluste im Bereich der Flamme und im Bereich der Abgasführung.

Die Differenz zwischen dem erforderlichen Luftdruck bei Erdgasbetrieb und dem gemessenen verminderten Druckbedarf für die Luft bei Zumischung von Wasserstoff entspricht in etwa der Differenz zwischen dem maximal theoretischen und dem gemessenen realen erforderlichen Gasdruck (**Bild 4**).

Aufgrund der sehr hohen Flammengeschwindigkeit von Wasserstoff ist bei der Zumischung von Wasserstoff zu Erdgas die auftretende Erhöhung der Temperatur der

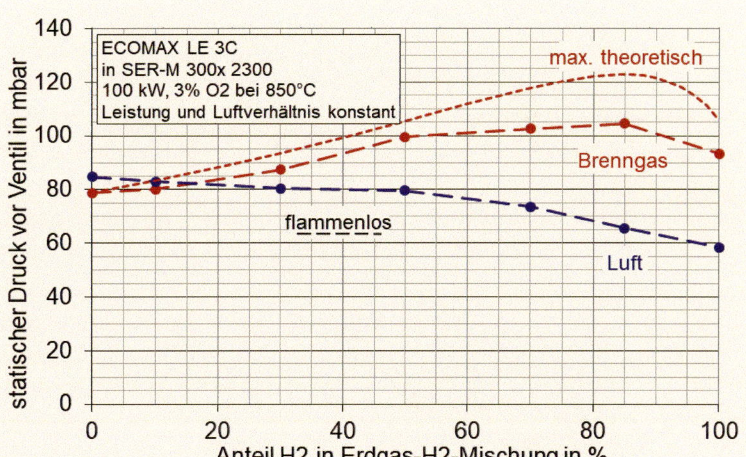

Bild 4: Statische Druckwerte von Brenngas und Brennluft bei flammenlosem Betrieb für Strahlrohrbeheizung mit ECOMAX LE in Abhängigkeit vom Wasserstoffanteil im Brenngas

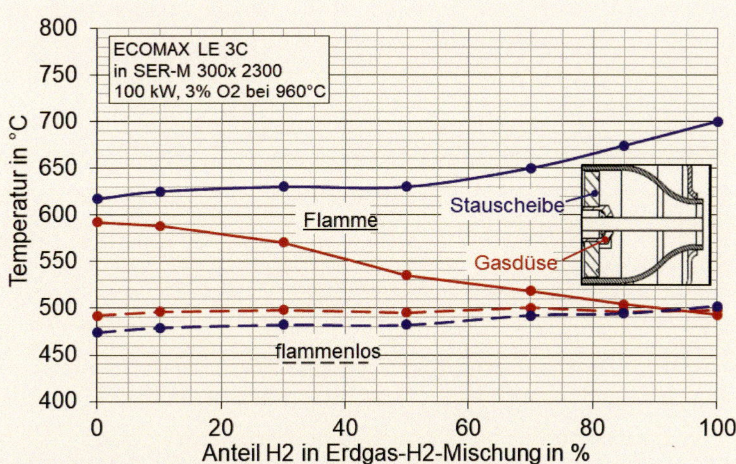

Bild 5: Temperaturwerte in der Mischeinrichtung bei Flammen- und flammenlosem Betrieb für Strahlrohrbeheizung mit ECOMAX LE in Abhängigkeit vom Wasserstoffanteil im Brenngas

Bild 3: Ansicht Strahlrohrbeheizung mit ECOMAX LE

Mischeinrichtung zu beachten. Mit der erhöhten Flammengeschwindigkeit steigt der Stoffumsatz und damit die Wärmefreisetzung im Brenner-nahen Bereich. Dagegen kann aufgrund des verminderten Heizwertes und des dadurch erhöhten Gasvolumenstroms eine verbesserte Kühlung der gasführenden Komponenten erwartet werden.

Zur Prüfung dieser Einflüsse wurden daher die Materialtemperaturen verbrennungsnaher, metallischer Bauteile gemessen. **Bild 5** zeigt die veränderten Temperaturen der Luft- und Gas-durchströmten Bauteile in Abhängigkeit vom Wasserstoffanteil im Brenngas. Bei Flammenbetrieb ist der Temperaturanstieg der luftdurchströmten Stauscheibe moderat und geringer als erwartet. Das Temperaturniveau ist insgesamt auch bei reinem Wasserstoffbetrieb nicht kritisch. Die Temperatur der Gasdüse sinkt bei Zumischung von Wasserstoff; der kühlende Einfluss des erhöhten Gasvolumenstroms überwiegt. Bei flammenlosem Betrieb sind alle Temperaturen im Brennerbereich auf geringem Niveau und nur wenig beeinflusst von der Wasserstoffzumischung.

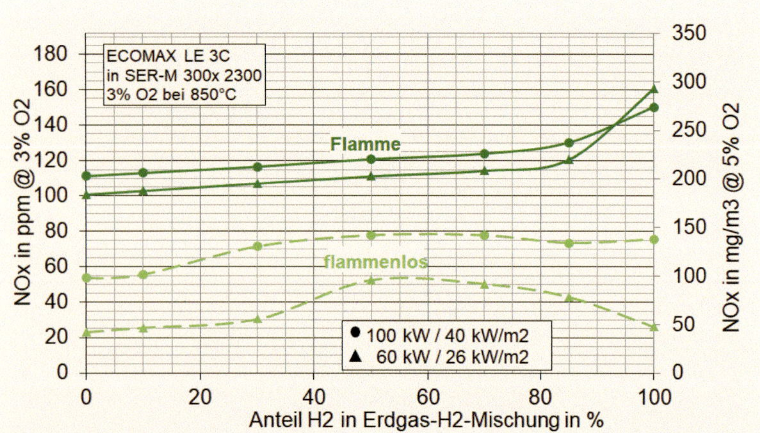

Bild 6: Stickoxid-Emissionswerte für verschiedene Leistungen bei Flammen- und flammenlosem Betrieb für Strahlrohrbeheizung mit ECOMAX LE 3 (Nennleistung 100 kW) bei 850 °C Ofenraumtemperatur in Abhängigkeit vom Wasserstoffanteil im Brenngas

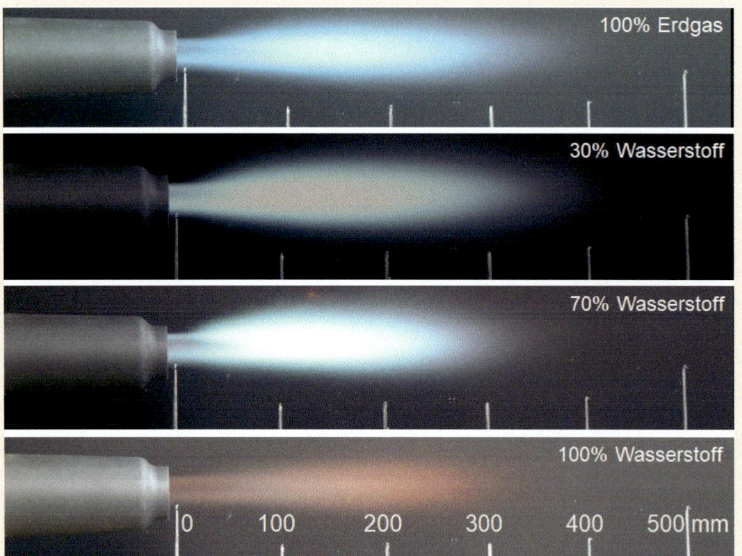

Bild 7: Flammenbilder des Impulsbrenners Kromschröder BIC 65 bei Betrieb im Freibrand mit Nennleistung 90 kW und 5 % Luftüberschuss für verschiedene Erdgas-Wasserstoff-Anteile im Brenngas

Mit der hohen Flammengeschwindigkeit und einer erhöhten adiabaten Flammentemperatur von Wasserstoff im Vergleich zu Erdgas ist bei der Zumischung von Wasserstoff zum Erdgas eine kompaktere und heißere Flamme verbunden. Auch bei flammenlosem Betrieb ist aufgrund einer verkürzt wirksamen Zone für die Beimischung von Abgas zum Brenngas und zur Luft eine heißere Reaktionszone zu erwarten. Zur Prüfung dieser Einflüsse auf die Stickoxid-Bildung wurden Emissionsmessungen durchgeführt.

Bild 6 zeigt im Flammenbetrieb bei verschiedenen Leistungen einen weitgehend proportionalen und nur geringen Anstieg der NO_x-Emission mit steigendem Wasserstoffgehalt. Erst ab etwa 85 % Wasserstoffanreicherung ist ein deutlicherer Anstieg der NO_x-Werte zu erkennen.

Im flammenlosen Betrieb ist die Emissionsbildung differenzierter. Abhängig von der Brennerleistung treten bei verschiedenen Beimischungen bis zu etwa 50 % Wasserstoff geringe bis stärkere Erhöhungen der NO_x-Emission auf. Bei noch höheren Beimischungen wurden bei hoher Leistung stagnierende und bei geringer Leistung sogar sinkende Emissionen beobachtet. Eine verstärkte Abgasbeimischung durch stark erhöhte Brenngas-Geschwindigkeit (siehe Bild 2) kann dazu beigetragen haben.

Für den Betrieb mit Wasserstoff waren keine Brennermodifikationen erforderlich. Der Flammenbetrieb und der flammenlose Betrieb wurden jeweils mit einem Standard-Erdgasbrenner gemessen. Nur für die Flammenüberwachung beim Betrieb mit reinem Wasserstoff ist eine UV-Sonde anstelle der sonst üblichen Ionisations-Elektrode erforderlich.

Ergebnisse Impulsbrenner BIC

Bereits frühere Untersuchungen von Impulsbrennern für Industriefeuerungen hatten gezeigt, dass bei H_2-Beimischungen von bis zu 50 % H_2 zum Erdgas keine Betriebsprobleme zu erwarten sind, wenn durch Anpassung des Gasdrucks und ggf. auch des Brennluftdrucks ein nahstöchiometrischer Betrieb ohne Überschreitung der Brenner-Nennleistung eingestellt werden kann [2].

Weitere Untersuchungen bei höheren H_2-Beimischungen und auch bei 100 % H_2 wurden aufgrund einer Vielzahl von Anfragen der Kunden durchgeführt. Dabei konnte gezeigt werden, dass unter vielen Randbedingungen heutige Brenner auch ohne technische Änderungen mit höchsten H_2-Beimischungen betrieben werden können (**Bild 7**).

Die Wärmeübertragung an das Nutzgut wird durch H_2 im Brenngas positiv beeinflusst und steigt aufgrund der erhöhten Flammentemperatur und der veränderten Abgaszusammensetzung im Ofenraum leicht an [3].

Die Flammenüberwachung mittels Ionisation ist problemlos bei bis zu 95 % H_2 im Erdgas nutzbar. Erst bei unter 5 % Erdgas im Gemisch fällt das Ionisationssignal ab und eine Überwachung mittels UV-Sonde wird erforderlich (Grundsätzliche Aussage für ionisationsüberwachte Brenner). Kern weiterer Entwicklungsarbeiten ist die Minderung der NO_x-Emissionen bei stark erhöhten H_2-Beimischungen (**Bild 8**).

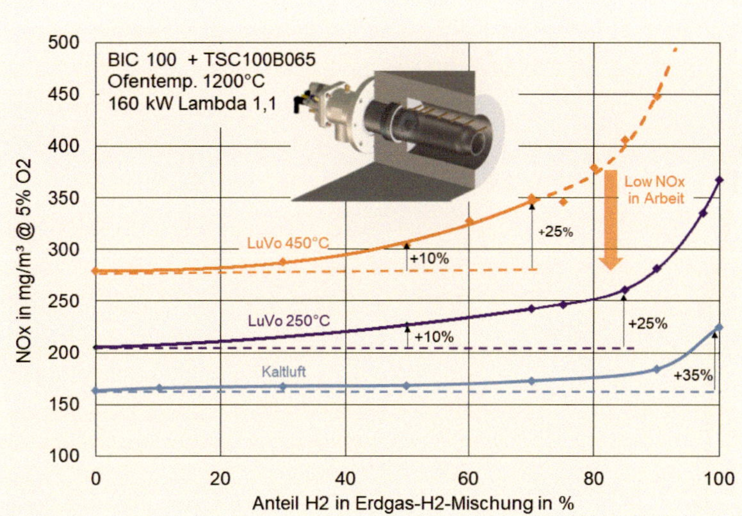

Bild 8: Einfluss der H_2-Beimischung auf die NO_x-Emission des Impulsbrenners BIC 100 bei unterschiedlichen Werten der Luftvorwärmung in Abhängigkeit vom Wasserstoffanteil im Brenngas

Ergebnisse Flachflammenbrenner BIO..KB

Auch bei der im Vergleich zu Impulsbrennern deutlich veränderten Flammenform der Flachflammenbrenner konnte eine gute Funktion der Brenner bis hin zu sehr hohen H_2-Beimischungen nachgewiesen werden (gemessen mit einem Standard-Erdgasbrenner).

Bild 9 zeigt für eine sehr hohe Ofenraumtemperatur und Luftvorwärmung nur gering und linear ansteigende NO_x-Emissionswerte bis hin zu sehr hohen H_2-Beimischungen von etwa 70 %. Für noch höhere H_2-Gehalte werden Low-NO_x-Maßnahmen entwickelt.

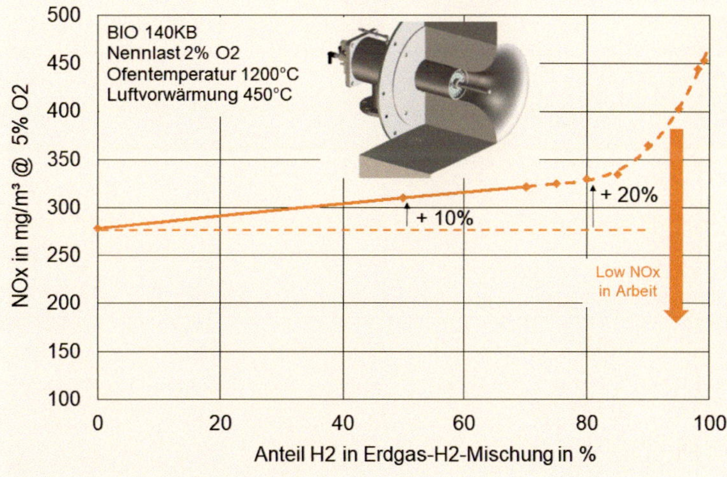

Bild 9: Einfluss der H_2-Beimischung auf die NO_x-Emission des Flachflammenbrenners BIO 140 bei hoher Luftvorwärmung und hoher Ofenraumtemperatur in Abhängigkeit vom Wasserstoffanteil im Brenngas

Fazit

Bild 1 (CO_2-Minderungspotenzial) veranschaulicht, dass erst ab hohen Wasserstoffanreicherungen im Erdgas die CO_2-Emissionen signifikant reduziert werden können.

Eine Zunahme der Wasserstoffanreicherung beeinflusst jedoch die Leistung und das Luftverhältnis des Brenners. Beispielhaft wird in **Bild 2** dargestellt, welche Steuerungsoptionen für den Betreiber zur Verfügung stehen, um diese Auswirkungen ggfs. zu kompensieren.

Viele Industriegasbrenner für Erdgas sind bereits heute in der Lage, Wasserstoff-Erdgas-Gemische zu verbrennen, ohne nennenswerte Hardwaremodifikationen. Ein stärkerer Anstieg der NO_x-Emissionen ist erst bei höheren H_2-Anreicherungsraten zu verzeichnen. Zur Vermeidung höherer NO_x-Emissionen können bekannte Methoden angewendet werden. Für den Fall, dass eine neue Erdgas-Anlage ohne große Modifikationen in Zukunft auch mit Wasserstoff betrieben werden soll, empfiehlt es sich, während der Auslegung der Komponenten die sich verändernden Druckverluste und Gasgeschwindigkeiten zu beachten.

Abschließend kann gesagt werden, dass sowohl die Steuerung als auch der sichere Betrieb der Industriegasbrenner mit Wasserstoff realisiert werden kann.

Derzeit ist ein neuer LowNO_x-Industriegasbrenner für die direkte Beheizung in der Entwicklung. Erste Messergebnisse aus dem Labor zeigen, dass ein NO_x-Wert von unter 100 ppm ref. 3 % O_2 auch mit Luftvorwärmung und Wasserstoffverbrennung möglich ist.

Literatur

[1] Produkte für Wasserstoff, Technische Information, Edition 05.21 https://docuthek.kromschroeder.com/documents/index.php

[2] Untersuchung der Auswirkung von Wasserstoff-Zumischung ins Erdgasnetz auf industrielle Feuerungsprozesse in thermoprozesstechnische Anlagen, GWI Essen, Schlussbericht zum AiF-FuE-Vorhaben mit Mitteln des BMWi; IGF-Nr. 18518 N, 2017

[3] Hydrogen as a fuel for heating processes, Phase 2: BIC burner tests, Joined Industry Project under the leadership of Celsian and DNV GL, Groningen, 2021

Autoren

Dr. **Heinz-Peter Gitzinger**
Honeywell Thermal Solutions (HTS)
Elster GmbH
40504 Lotte

Lars Schröder
Honeywell Thermal Solutions (HTS)
Elster GmbH
40504 Lotte

Matthias Rieken
Honeywell Thermal Solutions (HTS)
Elster GmbH
40504 Lotte

Energieeffizient und H_2-ready: Einsatz innovativer Dual-Fuel-Brenner

Sonja Schlegel, Bernd Feller, Thomas Schlüchtermann

Schlagwörter: Brennersysteme, Stahlindustrie, Energieeffizienz, Brenngase

Die mitteleuropäische Erdgasversorgung ist gerade eines der beherrschenden Themen in den Medien. Mit den gesamtgesellschaftlichen Anstrengungen zur Reduzierung des Erdgaseinsatzes werden auch Entwicklungen in der Industrie beschleunigt, die zuletzt noch primär unter dem Gesichtspunkt der CO_2-Emissionsreduzierung betrachtet wurden.

Energy-efficient and H_2-ready: use of innovative dual-fuel burners

Central European natural gas supply is one of the dominant topics in the media right now. The efforts being made by society to reduce the use of natural gas are also accelerating developments in industry, which were recently still primarily considered from the point of view of reducing CO_2 emissions.

Besonders in der Stahlindustrie hat sich das Bewusstsein für Umwelt und Nachhaltigkeit zuletzt stark gewandelt. Auf dem Weg zu einer „nachhaltigen Produktion" wurden bereits in der Vergangenheit zahlreiche Energie- und Umweltmanagementsysteme etabliert, aktuell werden die Bemühungen aber im Gleichklang mit dem gestiegenen Umweltbewusstsein von Politik und Gesellschaft weiter intensiviert.

Denn auch nach der Umsetzung vielseitiger Maßnahmen bezog die gesamte deutsche Industrie im Jahr 2021 noch ca. 28,5 % der gesamten Endenergie und ist damit nach den Haushalten ein sehr energieintensiver Sektor [1]. Die Stahlbranche ist sich dabei der Verantwortung gegenüber den gesetzten Zielen zur Treibhausgas-Minderung im Klaren und arbeitet an deren Umsetzung. Insbesondere bei der industriellen Prozesswärmebereitstellung findet sich noch viel Potenzial für die Emissionsreduktion, denn diese erfolgt noch größtenteils durch fossile Energieträger.

Das Kooperationsprojekt zwischen der Kueppers Solutions GmbH als Hersteller innovativer Brennersysteme und dem Präzisionsstahlrohrhersteller Mannesmann Precision Tubes setzt hier an und bewegt die Stahlbranche weiter in Richtung nachhaltiger Produktion.

Die Kueppers Solutions GmbH ist ein Technologieunternehmen, das sich 2017 aus einem Mittelständler in der Thermoprozessindustrie heraus entwickelt hat und sich auf innovative Brennersysteme zur Bereitstellung von Prozesswärme spezialisiert hat. Der Fokus des Unternehmens liegt auf der Emissionsreduzierung von Stickoxiden und CO_2, der schadstoffarmen und gesicherten Verbrennung von Wasserstoff, der effizienten Wärmerückgewinnung und der CFD-orientierten Prozessanalyse (Strömungssimulationen). In Kombination mit der additiven Fertigung metallischer und keramischer Hochtemperaturbauteile verfügt das Unternehmen über eine größtenteils digitalisierte Wertschöpfungskette, welche es ermöglicht, individuelle Brennersysteme zu entwickeln, die auf die Prozessgegebenheiten der Anlagenbetreibenden abgestimmt sind.

Die Mannesmann Precision Tubes-Gruppe ist führend in der Herstellung nahtloser sowie geschweißter Präzisionsstahlrohre. Von den Unternehmensstandorten in Deutschland, Frankreich, den Niederlanden und Mexiko aus beliefert die Unternehmensgruppe weltweit Kunden, insbesondere aus der Automobil- und Zulieferindustrie, der verarbeitenden Industrie und dem Energiesektor. Die Unternehmensgruppe ist Teil des Geschäftsbereichs „Stahlverarbeitung" des Salzgitter-Konzerns. Mit der neuen Strategie „Salzgitter AG 2030" soll der Konzern mit einem Netzwerk aus starken Partnern führend in der Circular Economy werden. Ein zentraler Baustein der Strategie ist dabei das Programm SALCOS® – SAlzgitter Low CO_2-Steelmaking, mit welchem die nahezu CO_2-freie Stahlproduktion bis 2033 schrittweise realisiert werden soll. Daneben zählt auch bei den stahlverarbeitenden Konzerngesellschaften die Minimierung von Treibhausgasemissionen zu den vorrangigen Zielen. In der Präzisionsrohrfertigung von Mannesmann ist dabei ein möglichst effizienter Betrieb der Wärmebehandlungsöfen von entscheidender Bedeutung. Ein weiterer Entwicklungspfad für eine nachhaltige Produktion ist die künftige Substitution von Erdgas durch regenerativ erzeugten (= grünen) Wasserstoff. Allein am Mannesmann-Standort Hamm werden zum Stahlglühen vier Öfen betrieben, welche die Präzisionsrohre auf ca. 900 °C erwärmen. Die Öfen werden von insgesamt 233 Brennern indirekt über Strahlrohre beheizt.

Ein Ziel des Kooperationsprojektes ist es, die Öfen im Mannesmann-Werk Hamm durch den Einsatz innovativer Brenner H_2-ready zu machen, also den Betrieb mit bis zu 100 Vol.-% Wasserstoff zu ermöglichen. Um dabei auch eine CO_2-neutrale Produktion zu realisieren, ist allerdings grüner Wasserstoff notwendig, welcher zurzeit noch nicht zu wirtschaftlichen Konditionen vorhanden ist. Das Brennersystem iRecu® von Kueppers Solutions (**Bild 1**) ist für den Dual-Fuel-Betrieb ausgelegt. Das heißt, alle Brenner können ohne Umbaumaßnahmen sowohl mit Erdgas als auch mit Wasserstoff oder jeder beliebigen Mischung aus den beiden Brenngasen betrieben werden. Damit kann die Zeit bis zur wirtschaftlichen und vor allem ausreichenden Versorgung mit grünem Wasserstoff überbrückt werden.

Ein weiteres Projektziel ist die Steigerung der Anlagen-Energieeffizienz durch die Wärmerückgewinnung aus dem Abgas. Durch den Einsatz neuartiger Rekuperatorbrenner wird somit ungenutzte Abgaswärme zur Vorwärmung der Verbrennungsluft herangezogen. Damit verlässt weniger Energie in Form von Abgaswärme das System, weshalb weniger Energie in Form von Brenngas aufgebracht werden muss. Selbst im Erdgasbetrieb kann dadurch CO_2 eingespart und effizienter produziert bzw. wärmebehandelt werden.

Im Rahmen des beschriebenen Projektes wurden die folgenden Meilensteine definiert:

- **Meilenstein 1 – Experimentelle Untersuchung:** Durchführung eines Proof of Concept von der Verbrennung von Wasserstoff im Rahmen einer semi-industriellen Versuchsumgebung am Gas- und Wärme-Institut Essen e.V. (im folgenden GWI genannt)
- **Meilenstein 2 – Ergebnistransfer:** Überführung der Ergebnisse aus dem Prüfinstitut auf die Prozessgegebenheiten bei Mannesmann Precision Tubes Werk Hamm und Umrüstung des ersten Ofens.
- **Meilenstein 3 – Ergebnisbewertung:** Auswertung der Ergebnisse nach erfolgter Umrüstung und Bestimmung der realen Energieeinsparung.

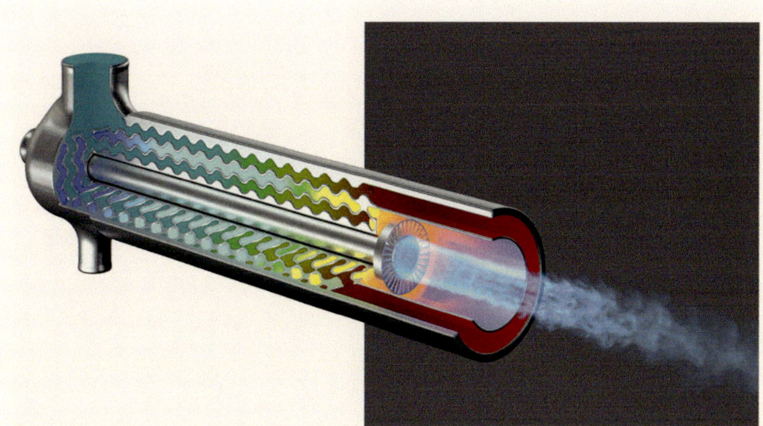

Bild 1: iRecu®-Dual-Fuel-Rekuperatorbrenner
(Quelle: Kueppers Solutions GmbH)

Das POC konnte während einer mehrtägigen Versuchsreihe am GWI erfolgreich durchgeführt werden. Dabei wurden sowohl einer der Bestandsbrenner aus einem der Mannesmann-Öfen als auch das neu entwickelte iRecu®-Brennersystem in Laborumgebung mehreren repräsentativen Versuchsreihen unterzogen.

Das definierte Ziel dieser Versuche war es, den Betriebspunkt des neuen Brennersystems festzulegen, bei welchem dieselben Prozesstemperaturen erreicht werden, die die Bestandsbrenner mit einer Leistung von 35 kW erzeugen. Untersucht wurde auch der Betrieb des iRecu®-Brenners mit bis zu 100 Vol.-% Wasserstoff als Brenngas sowie der sich daraus ergebende Einfluss auf den Wärmebehandlungsprozess.

Aus dem Vergleich der aufgenommenen Abgastemperaturen und dem gemessenen Temperaturprofil der Strahlrohroberfläche konnte am GWI der voraussichtliche Betriebspunkt des iRecu®-Brenners ermittelt werden. Dieser liegt mit 30 kW deutlich unter der Leistung der Bestandsbrenner (35 kW). Die Leistungssenkung resultiert aus der effizienteren Vermischung von Brenngas und Oxidator und dem hohen Grad der relativen Luftvorwärmung, den der iRecu® durch seine spezielle TPMS-Struktur (triply periodic minimal surface) und die dadurch verbesserte Wärmeübertragung erzielt.

Bild 2: Patentierte, 3D-gedruckte Dual-Fuel-Mischeinheit zur Verbrennung von Erdgas und/oder Wasserstoff (Quelle: Kueppers Solutions GmbH)

Am GWI konnte während der Messungen zudem bestätigt werden, dass sich die Temperatur- und Wärmeverteilung entlang des Strahlrohres durch den Einsatz mit Wasserstoff nicht verändert, sodass von einer Veränderung im realen Prozess nicht auszugehen ist. Die patentierte, mehrkanalige Dual-Fuel-Mischeinheit des iRecu®-Brenners (**Bild 2**) ist so konstruiert, dass die verschiedenen Verbrennungsbereiche explizit für die Verbrennungseigenschaften von Erdgas und Wasserstoff ausgelegt sind und unabhängig vom Brenngas eine möglichst schadstoffarme Verbrennung realisiert werden kann.

Durch die Umrüstung auf iRecu®-Brenner lässt sich auf Basis der GWI-Versuche eine realisierbare **Brenngaseinsparung in Höhe von 14,3 %** erwarten. Dieser Wert wurde anschließend im Rahmen eines Feldversuchs unter Realbedingungen an der Anlage bestätigt. Die Ergebnisse dieses Feldversuchs werden in diesem Beitrag zusammengefasst.

Einsatz des iRecu®-Brenners an Ofen 4 des MPT-Werks Hamm

Am Mannesmann-Durchlaufofen wurde in der energieintensivsten, ersten Ofenzone der erste Bestandsbrenner 1.1 durch einen iRecu®-Brenner ersetzt. Dieser wurde dann über einen Zeitraum von 43 Tagen parallel zu den anderen Bestandsbrennern betrieben und getaktet (je nach IST- und SOLL-Ofentemperatur an- und ausgeschaltet).

Einbau und Instrumentierung

Der iRecu®-Brenner wurde in das Strahlrohr des Bestandsbrenners 1.1 eingesetzt. Gas- und Luftdruck wurden entsprechend der am GWI bei 30 kW ermittelten Betriebsdrücke eingestellt, der gemessene Restsauerstoff im Abgas betrug damit 3,08 Vol.-%.

Sowohl die Abgastemperatur am Abgasstutzen als auch die Temperatur des heißen Abgases vor dem Wärmeübertrager wurden mithilfe von Thermoelementen erfasst und mit einem mobilen Langzeitmessgerät aufgenommen. Zum direkten Vergleich wurden außerdem die Abgastemperaturen der beiden benachbarten Bestandsbrenner 1.5 und 1.9 gemessen und aufgezeichnet. Ein Foto der Instrumentierung ist in **Bild 3** zu sehen.

Versuchsdurchführung und Ergebnisse

Der iRecu®-Brenner wurde im POC-Zeitraum vom 28.4.22 bis zum 10.6.22 parallel zu den Bestandsbrennern betrie-

Bild 3: Instrumentierung der Brenner: iRecu®-Brenner (rechts), Bestandsbrenner 1.5 (Mitte), Bestandsbrenner 1.9 (links) (Quelle: Mannesmann Precision Tubes GmbH)

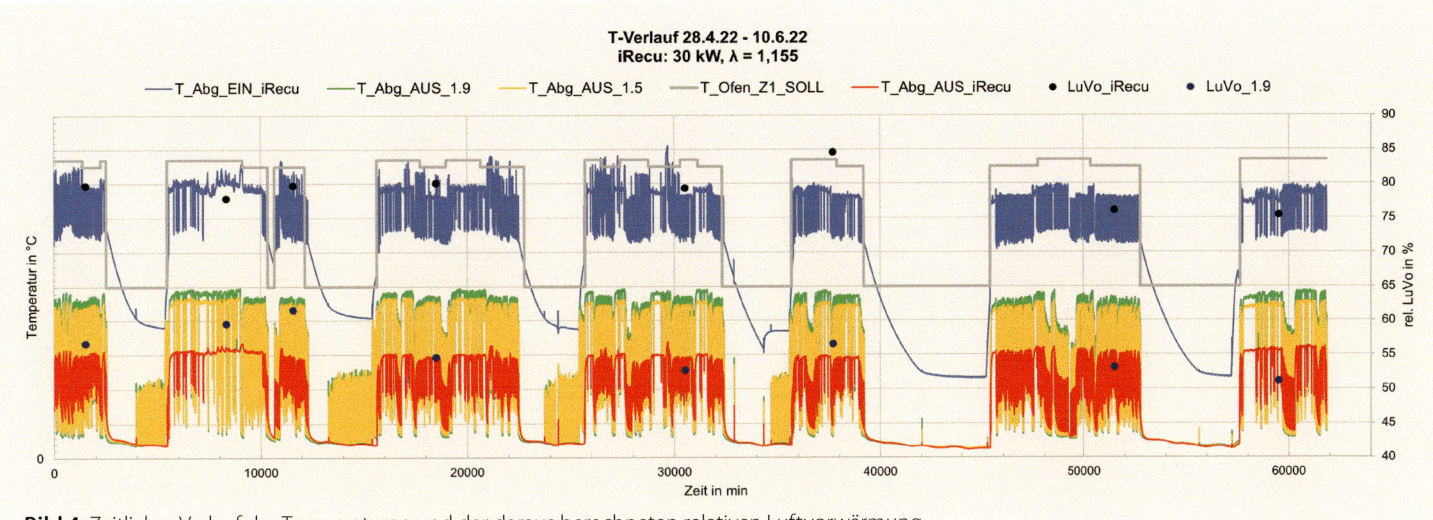

Bild 4: Zeitlicher Verlauf der Temperaturen und der daraus berechneten relativen Luftvorwärmung

ben. Der Verlauf aller gemessenen und berechneten Daten ist in **Bild 4** dargestellt.

Die blaue Kurve stellt die Temperatur des heißen Abgases vor dem Rekuperator dar. Gelb und grün sind die beiden Verläufe der Abgastemperaturen am Abgasstutzen der Bestandsbrenner 1.5 und 1.9, in rot ist die Abgastemperatur des iRecu®-Brenners dargestellt. Der Unterschied beider Temperaturverläufe ist im Diagramm deutlich zu erkennen und ist auf den hohen Grad der relativen Luftvorwärmung zurückzuführen, den der iRecu® durch seine spezielle TPMS-Struktur und die dadurch maximierte Wärmeübertragung erzielt (**Bild 5**). Das Diagramm zeigt den Grad der Luftvorwärmung für vereinzelte Betriebspunkte (graue Punkte: Bestandsbrenner 1.9, schwarze Punkte: iRecu-Brenner). Beim Bestandsbrenner 1.9 beträgt die relative Luftvorwärmung im Durchschnitt 57 %, wohingegen der iRecu-Brenner eine relative Luftvorwärmung von 80 % erreicht.

Aus den Unterschieden der Abgastemperaturen kann die Energie ermittelt werden, welche durch Einsatz des iRecu®-Brenners zusätzlich nutzbar gemacht wird. Diese Energie kann über die Flächen unter den Abgastemperatur-Kurven berechnet werden (in **Bild 6** für einen exemplarischen Zeitraum dargestellt). Die blaue Fläche ist äquivalent zu der Energie, die aus dem Prozess strömt und dementsprechend zur Luftvorwärmung herangezogen werden kann. Die gelbe Fläche stellt die Abgasverluste von Bestandsbrenner 1.9 dar, welche dem Prozess verloren gehen. Parallel dazu steht die rote Fläche für die Abgasverluste des iRecu®-Brenners. Die Differenz aus gelber oder roter Fläche ist dementsprechend die Energie, die durch Einsatz des iRecu®-Brenners zusätzlich in Form von Luftvorwärmung genutzt wird. Bei konstanter benötigter Prozessenergie kann somit bei verbesserter Luftvorwärmung der Energieeinsatz (entspricht dem Brenngaseinsatz) verringert werden.

Auf Basis dieser Temperaturverläufe kann im betrachteten Zeitraum eine **Brenngaseinsparung von 12,3 %** durch Einsatz des iRecu®-Brenners ermittelt werden. Damit bestätigt der Feldversuch an der Anlage die Brenn-

Bild 5: Der 3D-gedruckte Wärmetauscher iRecu® weist eine spezielle Gyroidstruktur auf, die einen maximalen Wärmeübergang ermöglicht (Quelle: Kueppers Solutions GmbH)

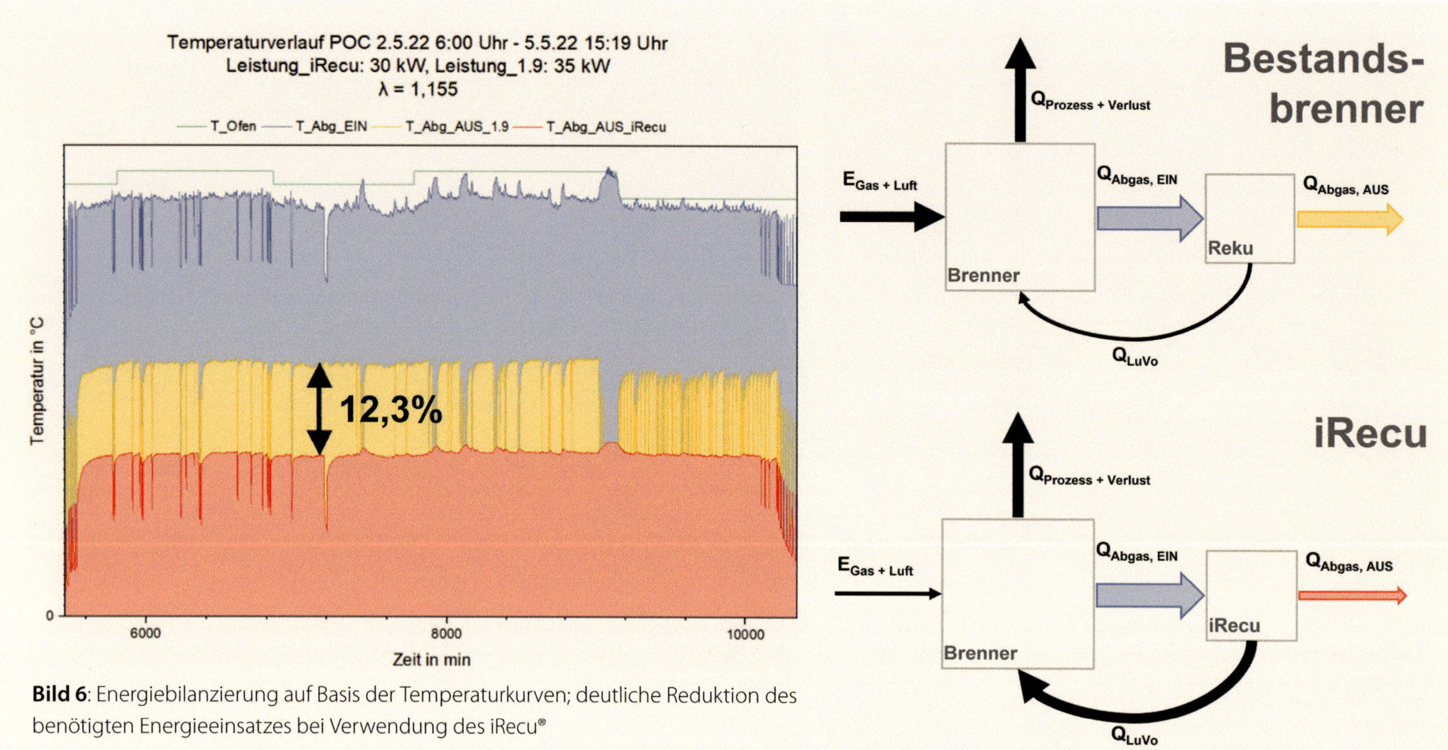

Bild 6: Energiebilanzierung auf Basis der Temperaturkurven; deutliche Reduktion des benötigten Energieeinsatzes bei Verwendung des iRecu®

gaseinsparung, welche unter Laborbedingungen am GWI abgeleitet wurde. Bei einer Ofenumrüstung auf iRecu®-Brenner ist dementsprechend von einer Gaseinsparung in der Größenordnung zwischen **12,3 %** und **14,3 %** auszugehen. Im derischichtigen Erdgasbetrieb können damit schon 7,7 t CO_2 pro Jahr und pro Brenner eingespart werden. Bei 233 umgerüsteten Brennern ergäbe sich am Mannesmann-Standort Hamm eine jährliche CO_2-Einsparung von 1.794 t.

Fazit und Ausblick

Das erfolgreiche Erreichen aller Projekt-Meilensteine zeigt, dass eine Umrüstung auf iRecu®-Brenner einen wesentlichen Beitrag zur Senkung des Energieverbrauchs und damit auch zur Senkung der CO_2-Emissionen leistet. Sollte grüner Wasserstoff in geringen Mengen zur Verfügung stehen, kann die Anlage im Hybridbetrieb wahlweise mit Erdgas oder mit Wasserstoff beziehungsweise im Mischbetrieb mit komplett beliebigen Gemischen aus Erdgas und Wasserstoff gefahren werden. Der auf diese Weise reduzierte CO_2-Fußabdruck der Produkte rechtfertigt einen höheren Verkaufspreis gegenüber konventionell hergestellten Produkten. Sobald ausreichend grüner Wasserstoff zur Verfügung steht, können die Brenner ohne jeglichen Umbau CO_2-frei betrieben werden.

Allein am Standort Hamm hat Mannesmann bis Ende 2022 die ersten Ofenzonen dreier Wärmebehandlungsöfen auf iRecu®-Brenner umgerüstet und ist damit auf dem besten Weg hin zu einer nachhaltigen Produktion und in eine CO_2-freie Zukunft.

Literatur

[1] Umweltbundesamt (2022): Energieverbrauch nach Energieträgern und Sektoren. Online, [https://www.umweltbundesamt.de/daten/energie/energieverbrauch-nach-energietraegern-sektoren#allgemeine-entwicklung-und-einflussfaktoren], zuletzt abgerufen am 06.09.2022

[2] Müller et al.: Energiewende in der Industrie. Potenziale und Wechselwirkungen mit dem Energiesektor. Abschlussbericht zum Arbeitspaket 1, Navigant Energy Germany GmbH, 2019

Autoren

Sonja Schlegel
Kueppers Solutions GmbH
Dortmund
sonja.schlegel@kueppers-solutions.de

Bernd Feller
Kueppers Solutions GmbH
Dortmund

Thomas Schlüchtermann
Mannesmann Precision Tubes GmbH
Hamm

Konzepte zur Reduzierung der CO_2-Emissionen in Gießereien durch Einsatz von Wasserstoff

Pascal Kwaschny

Schlagwörter: CO_2-Emissionen, Gießerei-Industrie, Wasserstofferzeugung, Wasserstoffverbrennung, Kosten, grüner Wasserstoff

In Deutschland und Europa sind Anlagen zur Erzeugung von Gusseisen oder Stahlguss etabliert. Zu nennen sind hier unter anderem Kupolofen-Betriebe, Betriebe mit Drehtrommelöfen, Induktionsöfen und Elektrolichtbogenöfen. Der Einsatz von Kohlenstoffträgern dient zum einen der Aufkohlung, zum anderen dem Energieeintrag in die Öfen. Gerade für Produktionsverfahren, die die Schmelzenergie chemisch in den Ofen eintragen, sind Kohlenstoffträger von essenzieller Bedeutung. Der stetig steigende Druck durch Vorgaben zur Energieoptimierung oder konkreter der Reduktion von klimaschädlichen Treibhausgasen wie CO_2 lösen Diskussionen zur Anpassung der Produktionsverfahren aus.

Concepts for the reduction of CO_2 emissions in foundries using hydrogen

Plants to produce cast iron or cast steel are well established in Germany and Europe. These include cupola furnace plants, plants with rotary drum furnaces, induction furnaces and electric arc furnaces. The use of carbon carriers serves on the one hand for carburization and on the other hand for energy input into the furnaces. Especially production processes that chemically transfer the melting energy into the furnace, carbon carriers are of essential importance. The steadily increasing pressure from specifications for energy optimization or, more concretely, the reduction of climate-damaging greenhouse gases such as CO_2 is triggering discussions on the adaptation of production processes.

Im Folgenden sollen Ansätze zum Einsatz von grünem Wasserstoff zur Reduzierung der CO_2-Emissionen aufgezeigt werden.

CO_2-emittierende Anlagen bei der Produktion von Gusseisen und Stahlguss

Induktionsofen

Bei Induktionsöfen handelt es sich um Öfen, in denen mittels elektromagnetischer Wechselfelder Wirbelströme in den Ofen eingebracht werden, die wiederum die Gattierung oder eine warmzuhaltende Schmelze aufschmelzen oder warmhalten [1].

Bezogen auf die Schmelzleistung wird Gusseisen in Deutschland zu 50 % in Kupolöfen erzeugt. Hinzu kommen weitere 40 Gießereien, in denen Stahlguss in Induktionsöfen erzeugt wird. Damit werden die Hälfte des Gusseisens (ca. 2,15 Mio. t/a) und 75 % des Stahlgusses (163.000 t/a) über diese Anlagen erzeugt. Umgerechnet auf den deutschen Strommix mit 0,615 kg_{CO2}/kWh werden hier ca. 840.000 t/a CO_2 emittiert [2].

Die Energieverbräuche sind jeweils abhängig von der Ofengröße und den Frequenzbereichen. Es kann ein spezifischer Energieverbrauch von 580 bis 600 kWh/t für Stahl und Gusseisen angenommen werden.

Elektrolichtbogenofen

Stahlguss wird in ca. 13 Elektrolichtbogenöfen in Deutschland erzeugt. Das entspricht etwa 54.000 t/a. Daraus folgen rechnerische CO_2-Emissionen von ca. 23.400 t/a, die durch Elektrolichtbogenöfen in Gießereien in Deutschland erzeugt werden.

Im Elektrolichtbogenofen wird durch Strom an den Grafitelektroden ein elektrisch leitendes Plasma (ein Lichtbogen) erzeugt. Durch die hohen Temperaturen des Lichtbogens wird der Schrott aufgeschmolzen. Prozesstechnisch werden dabei mit dem Lichtbogen Löcher im Schrott erzeugt, in denen der Lichtbogen sodann langgezogen werden kann, um eine größtmögliche Energieausbeute zu erhalten. Parallel dazu können während der Schrottschmelzphase Erdgas-/Sauerstoffbrenner in diesen Öfen eingesetzt werden, die den Schmelzvorgang durch zusätzliche Einbringung von sogenannter „chemischer" Energie unterstützen. Der chemische Energieeintrag ist hier jedoch nur unterstützend; der Hauptteil der benötigten Energie wird über den elektrischen Strom eingebracht (**Bild 1**).

Kupolofen

In Deutschland werden ca. 50 Kaltwindkupolofen- sowie 25 Heißwindkupolofen-Anlagen betrieben. 50 % des in Deutschland erzeugten Eisens werden über diese Route produziert. Das sind ca. 2,15 Mio. t/a. Bei 362 kg emittiertem CO_2 je produzierter Tonne Eisen ergeben sich für diesen Ofentyp in Deutschland umgerechnet weitere 780.000 t/a CO_2.

Wesentlich ist, dass für beide Kupolofen-Typen spezieller Gießereikoks als Energieträger eingesetzt wird, der unter Einblasen von kalter oder vorgewärmter Verbrennungsluft („Ofenwind") verbrannt wird. Die dadurch frei werdende Energie wird zum Aufheizen und schließlich Schmelzen des metallischen Schrotteinsatzes genutzt. Zum anderen wird der Koks zum Aufkohlen des Eisenschrottes und damit zur Einstellung der Eisenqualität benötigt. Das dabei entstehende CO_2 geht mit dem Kohlenstoff aus dem Koks Wechselwirkungen ein (Boudouard-Gleichgewicht), was durch die reduzierende Fahrweise im Ofenschacht zu CO_2-/CO-Emissionen in der Ofengicht führt. Bei Heißwindkupolöfen werden die CO- und evtl. C_xH_y-Emissionen in einer thermischen Nachbrennkammer verbrannt und die Energie der Abgase zur Vorwärmung des Ofenwindes genutzt.

47,7 % der eingesetzten Energie können zur Erzeugung des Flüssigeisens genutzt werden (**Bild 2**). Der Rest verteilt sich auf Verluste über das Abgas, das Kühlwasser und metallurgische Reaktionen. Die Energieverbräuche liegen je nach Produkt und Ofentyp bei 765–1.275 kWh je Tonne Flüssigmetall.

Schon bei niedrigen Energieverbräuchen von 765 kWh/t entstehen somit 362 kg CO_2/t Eisen (**Tabelle 1**). Sollte ein Unternehmen am EU-ETS (EU-Emissionshandel) teilnehmen müssen, so entstehen bei einem CO_2-Preis von 30,52 €/t (Stand Dezember 2020) Mehrkosten in Höhe von 11,05 €/t Flüssigeisen. Bei einer Befreiung sind jedoch immer noch 20 % der anfallenden CO_2-Menge über das EU-ETS zu kompensieren. Dies wären in diesem Fall 1,89 € je Tonne Flüssigeisen. Eine Reduzierung der anfallenden CO_2-Mengen ist über verschiedene Maßnahmen möglich, eine Reduzierung gegen 0 ist bei diesem über lange Zeit etablierten Verfahren allerdings nicht möglich.

Drehtrommelofen

In Deutschland werden ca. zehn Drehtrommelöfen betrieben. Weniger als 1 % des erzeugten Eisens wird in diesen Aggregaten erzeugt (428.000 t/a). Somit werden hier weitere ~48.600 t/a CO_2 emittiert.

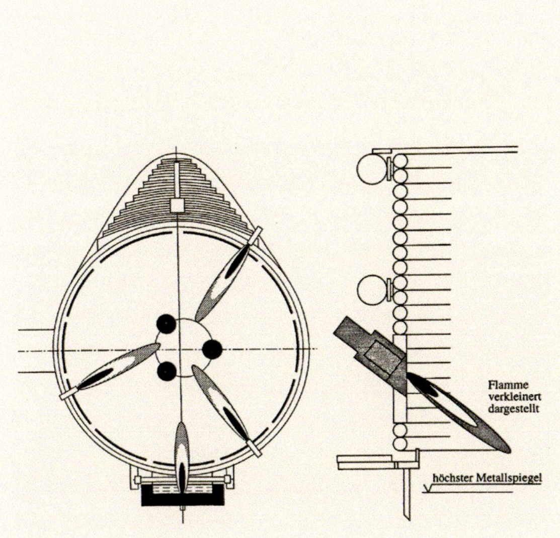

Bild 1: Typische Brenneranordnung in einem Elektrolichtbogenofen [2]

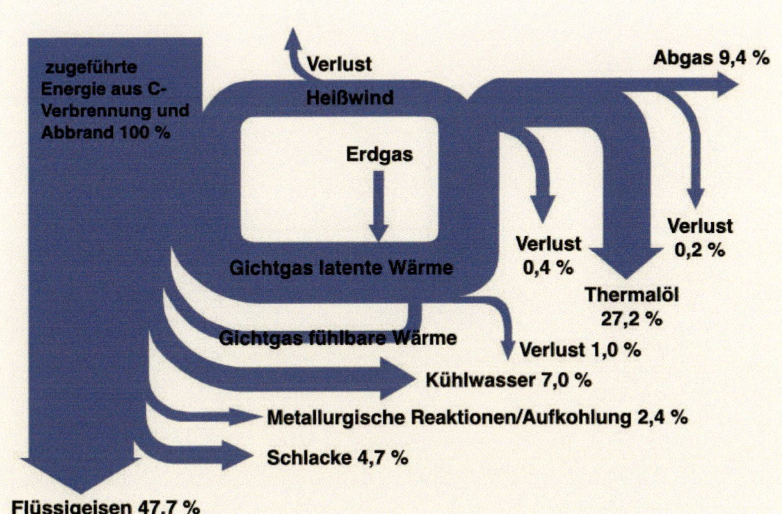

Bild 2: Energieflussbild Heißwindkupolofen-Anlage mit Wärmerückgewinnung [3]

Tabelle 1: Zusammenstellung der Umrechnungsfaktoren zwischen End- und Primärenergie sowie endenergiebezogener CO_2-Emissionen für verschiedene Energieträger [1]

Umrechnungsfaktoren verschiedener Energieträger	Endenergie / Primärenergie	Endenergiebezogener CO_2-Emissionsfaktor [kg/kWh]
Strom, Deutschland	0,327	0,615
Strom, westliche Welt	0,540	0,293
Steinkohle	0,933	0,406
Steinkohlekoks	0,897	0,473
Braunkohle	0,963	0,413
Erdgas	0,932	0,227
Heizöl, leicht	0,913	0,301
Heizöl, schwer	0,878	0,318
Flüssiggas	0,878	0,268
Dieselkraftstoff	0,884	0,301

Im Drehtrommelofen wird mittels Brenner, meist mit Erdgas/Sauerstoff, oder mit Brennern, die eine Sauerstoffanreicherung ermöglichen, sowie mit unterschiedlichen Medien wie Öl, Erdgas oder Propan, der Ofen aufgeheizt und so die Gattierung aufgeschmolzen. Dabei dreht sich der Ofen um seine Längsachse. Nach dem Aufschmelzen kann der Ofen gekippt werden, sodass die Schmelze in eine Pfanne abgestochen werden kann. Die Ofengrößen variieren dabei zwischen 0,5 und 20 t. Basierend auf der Ofengröße sind die eingesetzten Brenner auszulegen. Die in diesem Ofentyp generierten CO_2-Emissionen kommen hauptsächlich aus der Verbrennung des Brennstoffs am Brenner. Optimiert werden kann dieser Prozess mittels regenerativer Brenner oder des Einsatzes von Sauerstoff. Zusätzlich wird auch im Drehtrommelofen der Gattierung Koks zur Aufkohlung zugegeben.

Bild 3: Beispiel eines Pfannenfeuers in einer Gießerei [1]

Weitere CO_2-Emittenten

Weitere Anlagen, die klimaschädliche Treibhausgase erzeugen können, sind Pfannenvorwärmstationen und Wärmebehandlungsöfen. Ein Pfannenfeuer ist exemplarisch in **Bild 3** zu sehen.

In Pfannenstationen werden Pfannen mittels Brenner, die meist mit Erdgas betrieben werden, aufgeheizt. Dabei kann zwischen der Luftverbrennung und der Verbrennung mit reinem Sauerstoff unterschieden werden. In jedem Fall wird bei der Verbrennung von Erdgas CO_2 frei. Die Pfannen werden dabei je nach Anforderung auf 800 bis 1.200 °C vorgeheizt. In Abhängigkeit von der Größe der Pfanne können die Brenner eine Leistung zwischen 200 kW und 2 MW haben. Je nach Fahrweise der Pfannenfeuer und des jeweiligen Produktionsprogramms variieren auch die CO_2-Emissionen.

Ein erster Schritt zur Reduzierung von klimaschädlichen Treibhausgasen kann die Umstellung der Verbrennungsprozesse sein, gerade im Bereich der Pfannenfeuer. Durch den Einsatz von Sauerstoffbrennern können bis zu 35 % Brennstoff eingespart werden. Dies kommt sodann einer weiteren möglichen Umstellung auf Wasserstoff zugute, da der Bedarf an demselben deutlich reduziert werden kann. Dadurch ist die Umstellung der konventionellen Beheizung mit Luft auf technischen Sauerstoff als ein essenzieller Teil der Umstellung auf Wasserstoff zu verstehen (**Bild 4**).

Im Folgenden soll speziell auf Möglichkeiten der CO_2-Reduzierung durch Einsatz von Wasserstoff eingegangen werden. Neben dem Verbrennungsprozess sind dabei auch die Möglichkeiten zur Erzeugung und Bereitstellung von Wasserstoff zu betrachten.

Grundlagen der Erzeugung von Wasserstoff

Der Großteil des in Deutschland erzeugten Wasserstoffs wird über die Dampfreformierung erzeugt. Den hier erzeugten Wasserstoff bezeichnet man als grauen Wasserstoff. Die Reaktionen finden nach den im Folgenden dargestellten Schritten statt. Der dabei benötigte Druck liegt bei 15 bis 25 bar und die Temperatur bei ca. 900 °C. Die hierbei erzeugten Wasserstoffmengen hängen von der Größe der Anlagen ab. Diese können zwischen 1.000 bis zu 120.000 Nm³/h variieren:

$CH_4 + H_2O \rightarrow CO + 3\,H_2 \qquad \Delta H = 206{,}2\ kj/mol$

$CO + H_2O \rightarrow CO_2 + H_2 \qquad \Delta H = -41{,}2\ kj/mol$

Blauer Wasserstoff bezeichnet ebenfalls Wasserstoff, der aus fossilen Energien gewonnen wird. Anders als bei der klassischen Dampfreformierung wird das CO_2 jedoch nicht in die Atmosphäre abgelassen, sondern abgeschieden und gespeichert (CCS, Carbon Capture and Storage oder CCU, Carbon Capture and Usage). Durch diese Methode ist der Wasserstoff bilanziell CO_2-neutral. Auf dieses Verfahren wird hier nicht näher eingegangen.

Generell kann Wasserstoff auch gänzlich CO_2-neutral als sogenannter „grüner" Wasserstoff hergestellt werden. Hierbei wird durch Anlegen eines CO_2-neutral hergestellten Stroms (Elektrolyse) Wasser in seine Bestandteile aufgeteilt. Im Weiteren wird auf Details dieses Verfahrens eingegangen.

Wasserstofferzeugung mittels Elektrolyse

Bei der Erzeugung von grünem Wasserstoff kann grundlegend auf drei unterschiedliche Verfahren der Elektrolyse zurückgegriffen werden: die alkalische Elektrolyse, die Hochtemperatur-Elektrolyse und die Proton Exchange Membrane-Elektrolyse (PEM). Die unterschiedlichen Elektrolyseure-Typen können dabei für unterschiedliche Anforderungen eingesetzt werden.

ITM Linde Electrolysis ist ein Joint Venture der Linde mit ITM Power, einem spezialisierten Hersteller von integrierten Wasserstoff-Energiesystemen. Das Joint Venture konzentriert sich auf die Herstellung des zuletzt genannten Elektrolyse-Verfahrens: die PEM-Elektrolyse. Diese arbeitet in einem Temperaturbereich von 50 bis 60 °C (**Bild 5**).

$H_2O_{(l)} + \Delta H_R \rightarrow H_{2(g)} + \tfrac{1}{2}\,O_{2(g)} \qquad \Delta H_R = 285{,}9\ kj/mol$

Die einzelne elektrochemische Einheit ist die Elektrolysezelle. Zur Erhöhung der volumetrischen Leistungsdichte werden üblicherweise eine Vielzahl von flachen Zellen zu „Zellstapeln" (sog. Stacks) verbaut. Die größten Vorteile dieser Systeme sind der geringe Platzbedarf, geringe Instandhaltungskosten und eine sehr hohe Lastflexibilität (typischerweise 5 bis 150 %). Des Weiteren kann der Wasserstoff unter verhältnismäßig hohem Druck hergestellt werden, sodass dieser direkt genutzt werden kann. Sauerstoff hingegen fällt zumeist drucklos an und muss daher vor Verwendung zunächst getrocknet und anschließend verdichtet werden.

Große Elektrolysesysteme setzen sich in der Regel aus Modulen zusammen, welche wiederum aus einem oder mehreren Zellstapeln bestehen. Die verfügbaren Module

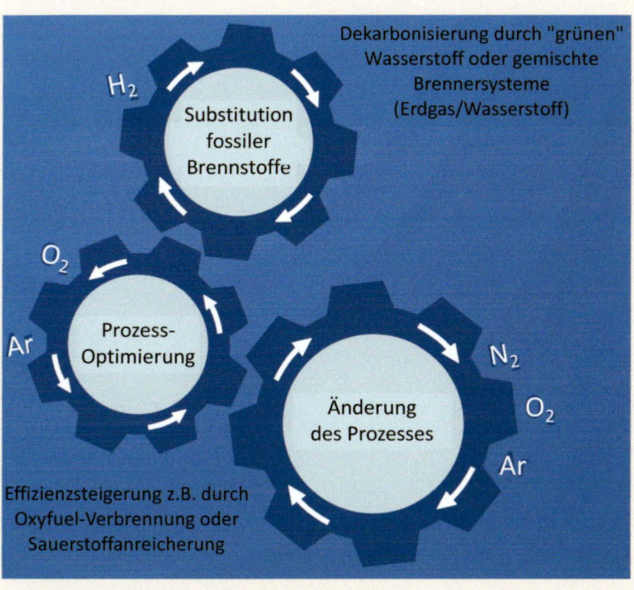

Bild 4: Schritte der Prozessoptimierung [4]

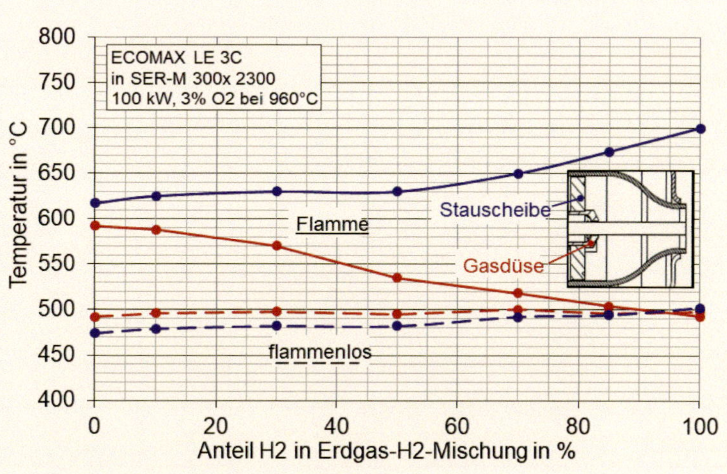

Bild 5: Wasserstoff-Elektrolyseur von ITM Linde Electrolysis [9]

Bild 6: Wasserstoffelektrolyseanlage im Energiepark Mainz mit Wasserstofftank [4]

Bild 7: Wasserstoffbrenner im Verbrennungslabor der Linde GmbH [4]

von ITM Linde Electrolysis für Großverbraucher haben eine elektrische Leistungsaufnahme von etwa 2 MW. Im Jahr 2025 wird eine Modulgröße von 5 MW verfügbar sein.

Der Einsatz dieser Technologie kann auch zur Stabilisierung von Stromnetzen beitragen, wenn die Elektrolyselast nach Stromverfügbarkeit/Netzlast geregelt wird. PEM-Elektrolyseure haben den entscheidenden Vorteil, dass die Leistung der Elektrolyse sehr schnell variiert und damit die H_2-Produktion auf die verfügbaren Strommengen angepasst werden kann. Dabei muss gleichzeitig der Wasserstoffbedarf der nachgelagerten Anwendung berücksichtigt werden, entweder durch entsprechende Pufferung von Wasserstoff oder durch Flexibilisierung/Hybridisierung der nachgelagerten Anwendung. Zudem besteht die Möglichkeit, den erzeugten Wasserstoff als Energiespeicher zu nutzen. Normiert auf 1 MW Anschlussleistung ergibt sich bei der PEM-Elektrolyse eine Erzeugung von etwa 200 Nm^3/h Wasserstoff, was einer Einsparung von ~180 kg CO_2 gegenüber Erdgas entspricht (bei Verwendung von treibhausgasneutralem Grünstrom). **Bild 6** zeigt eine Wasserstoffelektrolyseanlage im Energiepark Mainz mit Wasserstofftank [4].

Grundlagen der Wasserstoffverbrennung

Aktuell werden bereits einige Verbrennungsprozesse mit Wasserstoff betrieben, z. B. das Randverschmelzen von Behältergläsern oder das Feuerpolieren von Glasoberflächen.

Der Einsatz von Wasserstoff als Brenngas ist außerdem nicht neu. Das früher eingesetzte Stadtgas hatte eine Zusammensetzung von 51 % H_2, 21 % CH_4, 15 % N_2 und 9 % CO. **Bild 7** zeigt die wasserstoffbezogenen Auswirkungen auf die Verbrennung bei unterschiedlichen Mischverhältnissen.

Die adiabate Flammentemperatur beträgt bei Wasserstoff in Luft 2.125 °C in einem Zündbereich zwischen 4 und 77 % und ca. 2.900 °C in Sauerstoff mit einem Zündbereich von 5 bis 93 %. Die Selbstentzündungstemperatur von Wasserstoff in Luft liegt bei 572 °C und weicht damit von der Selbstentzündungstemperatur von Methan (632 °C) ab.

Ein Vorteil von Wasserstoff sind geringe Strömungsverluste aufgrund der geringen Dichte (0,08989 kg/Nm^3). Die Dichte von Erdgas liegt im Vergleich dazu bei rund 0,657 kg/Nm^3 und ist damit deutlich höher. Die Schallge-

Tabelle 2: Vergleich der stöchiometrischen Verbrennung von Methan und Wasserstoff

Methan mit Luft	$CH_4 + 2\,O_2 + 7{,}57\,N_2 \rightarrow CO_2 + 2\,H_2O + 7{,}57\,N_2$	9,57 m^3 Luft/m^3 CH_4	ΔHvu = −35.888 kj/Nm^3
Methan mit reinem Sauerstoff	$CH_4 + 2\,O_2 \rightarrow CO_2 + 2\,H_2O$	2,0 m^3 O_2/m^3 CH_4	ΔHvu = −35.888 kj/Nm^3
Wasserstoff mit Luft	$H_2 + ½\,O_2 + 1{,}89\,N_2 \rightarrow H_2O + 1{,}89\,N_2$	2,39 m^3 Luft/m^3 H_2	ΔHvu = −10.780 kj/Nm^3
Wasserstoff mit reinem Sauerstoff	$H_2 + ½\,O_2 \rightarrow H_2O$	0,5 m^3 O_2/m^3 H_2	ΔHvu = −10.780 kj/Nm^3

Tabelle 3: Beimischung von Wasserstoff in das Erdgasnetz [4]

Gas	Explosionsgrenzen Vol.-% in Luft		Heizwert Hu kWh/m³	Luftbedarf m³/m³	Sauerstoffbedarf m³/m³
	UEG	OEG			
100 % CH_4	4,6	16,6	9,97	9,57	2,00
12,5 Vol.-% H_2 in CH_4	K. A.	18,4	9,10	8,62	1,81
25 Vol.-% H_2 in CH_4	4,5	23,5	8,22	7,78	1,62
50 Vol.-% H_2 in CH_4	4,4	32,0	6,48	5,98	1,25
100 Vol.-% H_2	4,1	77,0	2,99	2,39	0,50

-20%

schwindigkeit ist als weiterer Punkt in diesem Zusammenhang zu erwähnen. Sie liegt bei Wasserstoff bei 1.290 m/s (bei 1,013 bar; 15 °C) und für Erdgas bei 466 m/s in CH_4. Daraus ergibt sich, dass bei der Verbrennung von Wasserstoff mit deutlich höheren Schallemissionen gerechnet werden muss.

Am Beispiel der Anschlussleistung von 1 MW mittels PEM-Elektrolyse ergibt sich eine Feuerungsleistung von ~600 kW (bezogen auf den Heizwert) bzw. ~710 kW bezogen auf den Brennwert. Dabei werden etwa 200 bis 250 kW Abwärme (bei 55 °C) erzeugt [8].

Tabelle 2 zeigt den Vergleich der stöchiometrischen Verbrennung von Methan und Wasserstoff.

Aktuell ist eine Beimischung von Wasserstoff in das Erdgasnetz von bis zu 10 % zulässig. Jedoch wird zurzeit vonseiten des DVGW daran gearbeitet, die technischen Regeln für Erzeugung, Einspeisung, Beimischung, Transport und Speicherung auf bis zu 20 % Wasserstoff in der Erdgas-Infrastruktur zu erhöhen. **Tabelle 3** zeigt dabei die Veränderung in der Verbrennung.

Nutzung von grünem Wasserstoff

Grundlegend können zwei Ansätze bei der Erzeugung und Nutzung von Wasserstoff verfolgt werden. Zum einen können Betriebe, die sich in Regionen mit großen Überkapazitäten grünen Stroms befinden, diesen Strom nutzen, um grünen Wasserstoff zu erzeugen. Dieser kann sodann etwa für Verbrennungsprozesse genutzt werden, das heißt zur Substituierung von Erdgas. Dadurch kann je nach Gießerei eine signifikante Reduzierung der anfallenden CO_2-Emissionen realisiert werden. Konkreter gesprochen können dadurch Brenner in Pfannenstationen oder Vorwärmbrenner bezüglich ihrer CO_2-Emissionen optimiert werden.

Eine weitere Möglichkeit ist die Erzeugung von Strom aus Abwärme der Gießereiprozesse. Mit dem dadurch gewonnenen Strom kann ebenfalls Wasserstoff CO_2-neutral hergestellt werden. Wie im bereits oben genannten Beispiel kann der Wasserstoff zur Substitution des Erdgases für Verbrennungsprozesse verwendet werden. In dieser Variante können die Kosten des erzeugten Wasserstoffs auch deutlich reduziert werden.

Eine weitere Möglichkeit ist das Einspeisen des Wasserstoffs in das Erdgasnetz des Energieversorgers. Das Einspeisen von grünem Wasserstoff in das Erdgasnetz wird als Power-to-Gas bezeichnet und findet bereits vielerorts in Deutschland statt. Die politischen Rahmenbedingungen sind jedoch im Einzelnen zu betrachten.

Daneben hat Wasserstoff noch weitere interessante Nutzungsmöglichkeiten, z. B. den brennstoffzellenelektrischen Antrieb von Fahrzeugen. Die Palette von verfügbaren Nutzfahrzeugen reicht von Gabelstaplern bis zu Rangierloks. Hier können weitere signifikante CO_2-Einsparungen erreicht werden, insbesondere weil die Brennstoffzelle gegenüber Verbrennungskraftmaschinen einen deutlichen Wirkungsgradvorteil aufweist.

Einsatz von grünem Wasserstoff zur Dekarbonisierung der Gießerei-Industrie

Schritt 1: Reduzierung der CO_2-Emissionen und Vorbereitung auf die Umstellung auf Wasserstoff

Gerechnet wird am Beispiel einer Gießerei, die in unterschiedlichen Anlagenteilen eine installierte Brennerleistung von 2 MW betreibt. Der Betrieb beläuft sich auf 6.000 h/a. Bei den Brennern handelt es sich um Kaltluftbrenner, die Rinnen, Pfannen oder weitere Aggregate aufheizen oder warmhalten. Beim Einsatz dieser Kaltluftbrenner ist bei den oben genannten Parametern ein Erdgasbedarf von 590.000 Nm³/a (Erdgas-H) zu erwarten. Daraus entstehen dann wiederum 1.190 t/a CO_2.

Der erste Schritt zur CO_2-Reduktion ist die Umstellung auf Sauerstoffbrenner. Dadurch kann der Erdgasbedarf auf 380.000 Nm³/a sowie die CO_2-Emissionen auf 770 t/a reduziert werden.

Maßgeblich für eine erfolgreiche Umsetzung eines solchen Projektes sind die Stromkosten, die einen wesentlichen Einfluss auf die Kostenbasis der Erzeugung von

Tabelle 4: Einfluss der Wasserstoffkosten bei Betrieb eines Elektrolyseurs bei unterschiedlichen Stromkosten [6]

Eigenschaft	Szenario 1	Szenario 2	Szenario 3	Szenario 4
Stromkosten	0,05 €/kWh	0,05 €/kWh	0,15 €/kWh	0,15 €/kWh
Investitionskosten des Elektrolyseurs	300 €/kW	1.000 €/kW	300 €/kW	1.000 €/kW
Annuität	30 €/kW/a	100 €/kW/a	30 €/kW/a	100 €/kW/a
Betriebsstunden	5.000	2.000	5.000	2.000
Nutzungsgrad	75 %	75 %	70 %	70 %
Kosten des Wasserstoffs	0,072 €/kWh(H2)	0,11 €/kWh(H2)	0,22 €/kWh(H2)	0,26 €/kWh(H2)

grünem Wasserstoff haben. Geht man von Stromkosten von 0,15 €/kWh aus, liegen die variablen Wasserstoffkosten bei etwa 0,25 €/kWh. Dies ist dann dem jeweiligen Erdgaspreis gegenüber zu stellen.

Bei der weiteren Umstellung auf eine CO_2-Neutralität ist dieser Schritt wesentlich, da der Bedarf an Brennstoff einen maßgeblichen Einfluss auf die Betriebskosten hat. Im oberen Beispiel würden für den Einsatz von Wasserstoff als Brennstoff bei der Verbrennung mit Luft 1,9 Mio. Nm^3 Wasserstoff benötigt werden. Wurde hingegen bereits auf Sauerstoffverbrennung umgerüstet, reduziert sich der Bedarf um über 30 % auf 1,3 Mio. Nm^3/a.

Schritt 2: Vor-Ort-Erzeugung von grünem Wasserstoff

Technisch gesprochen ist der Einsatz von Wasserstoff als Brennstoff machbar und in vielen Bereichen auch bereits in der Umsetzung. In Europa werden gerade in Skandinavien die ersten Industrieprozesse versuchsweise auf Wasserstoff und in ersten Fällen auch im industriellen Maßstab umgestellt. Jedoch ist es dort so, dass ein Großteil des erzeugten Stroms bereits grün ist, was gerade in Deutschland in diesem Maße nicht der Fall ist. Daher ist es essenziell, Möglichkeiten zu betrachten, die Erzeugungskosten von Wasserstoff zu minimieren.

Zwei Fälle können an dieser Stelle besonders betrachtet werden: Zum einen kann in energiereichen Regionen der grüne Strom aus Überkapazitäten genutzt werden, um Wasserstoff zu geringen Kosten zu erzeugen. Dies erfordert jedoch eine Zusammenarbeit mit den jeweiligen Energieversorgern. Nachteil dieser Variante ist, dass die Produktion an die Verfügbarkeit des Wasserstoffs zu koppeln ist, denn große Speicherkapazitäten für Wasserstoff führen wiederum zu erhöhten Kosten.

Eine weitere Möglichkeit besteht darin, die für die Wasserstofferzeugung benötigte Energiemenge teilweise aus der Abwärme des Prozesses zu gewinnen. Ein Heißwindkupolofen-Betrieb, der keine Wärmerückgewinnung betreibt, könnte sich für ein derartiges Projekt besonders gut eignen. Betrachtet man hierbei den Energiebedarf von der Seite der benötigten Wasserstoffmengen, gilt es zwei Parameter besonders zu beachten: Zum einen wird, wie oben beschrieben, eine jährliche Wasserstoffmenge von 1,3 Mio. Nm^3 benötigt. Zum anderen wird aber auch eine stündliche Wasserstoffmenge von 220 Nm^3 gebraucht. Um nun ausreichend Versorgungssicherheit gewährleisten zu können, sollte die Produktionsmenge auf 300 Nm^3/h aufgerundet werden. Im Falle der PEM-Elektrolyse werden zur Erzeugung dieser Wasserstoffmenge insgesamt 1,5 MW Produktionskapazität benötigt.

Kostenbetrachtung des Einsatzes von Wasserstoff in Gießereien

Grundsätzlich zu unterscheiden sind Kosten der Installation und des Betriebs der Wasserstofferzeugungsanlage vor Ort. Die Installationskosten variieren in Abhängigkeit von der benötigten Wasserstoffmenge, also der benötigten Anschlussleistung, und belaufen sich am Beispiel der PEM-Elektrolyse derzeit im Bereich von 1 Mio. € pro 1 MW installierte Anschlussleistung. In Abhängigkeit zur tatsächlichen Entwicklung der Ausbringungsmenge produzierter Elektrolyseure ist mit einer jährlichen Reduktion der Kosten für Elektrolyse-Hardware von 5 bis 15 % zu rechnen (Erfahrungskurvenkonzept). Dabei kann ein Elektrolyseur mit 1 MW Anschlussleistung etwa 200 Nm^3/h Wasserstoff erzeugen und verbraucht dabei etwa 300 l Wasser (50 % Abwasser, rein, aber mit erhöhter Mineralienanreicherung aus der Wasseraufbereitung für die Elektrolyse).

Im Rahmen der 2020 veröffentlichten Wasserstoffstrategie der Bundesregierung sind neue Fördermöglichkeiten verfügbar. Die Höhe der Förderungen sind projektbezogen. Führt ein Forschungsvorhaben zu einem wissenschaftlichen Fortschritt bei einem hohen Realisierungsgrad, können wesentliche Kosten dieser Projekte durch den Bund gefördert werden. Wissenschaftliche Vorarbeiten sind hierfür zu erbringen. Aufgrund der andiskutierten Punkte sind die genauen Fördermengen projektspezifisch zu betrachten.

Ein weiterer und wesentlicher Punkt sind die laufenden Kosten des Betriebs der Anlage. Bei einem Heizwert von 3,00 kWh/Nm³ variieren die Kosten stark in Abhängigkeit zu den Stromkosten. Liegen diese beispielsweise bei 0,05 €/kWh, liegen die variablen Wasserstoffkosten bei etwa 0,09 €/kWh. Im Jahr 2019 lag der Erdgaspreis bei durchschnittlich 0,0286 €/kWh. Das bedeutet, dass selbst unter günstigen Bedingungen die Erzeugung von Wasserstoff derzeit um ca. einen Faktor 3 höhere variable Kosten nach sich zieht als der Einsatz von Erdgas (**Tabelle 4**).

Unberücksichtigt bleiben darf jedoch nicht der augenscheinlich stetig steigende Preis für CO_2-Emissionen. Aktuell liegt der Preis bei 30 €/t emittiertem CO_2. Ob und wie schnell der EU-ETS-Preis steigen wird und ab wann sich der Einsatz von Wasserstoff unter kommerziellen Gesichtspunkten lohnt, ist dabei abhängig von der Menge benötigten Brennstoffs sowie der emittierten Menge CO_2. Im oben beschriebenen Fall werden 1.190 t CO_2/a emittiert. Dies resultiert ohne Befreiung von EU-ETS in Mehrkosten von 36.319 €/a. Inwieweit die Kosten aus emittiertem CO_2 steigen, kann derzeit nicht abgeschätzt werden. Ergänzend zum EU-ETS gilt in Deutschland ab 2021 die nationale CO_2-Steuer, die bei 25 €/t liegt und sukzessive auf 55 €/t angehoben werden soll.

Fazit

Rein technisch gesprochen kann der Einsatz von Wasserstoff in Verbrennungsprozessen in Gießereien zu einer signifikanten Reduzierung der CO_2-Emissionen beitragen. Dies gilt besonders für nachgeschaltete Anlagen wie Pfannenfeuer. Die benötigten Wasserstoffmengen variieren dabei stark in Abhängigkeit der Größe. Auch innovative Konzepte, aus denen Energie zur Erzeugung des benötigten Wasserstoffs aus der Abwärme genutzt wird, können in Zukunft eine Rolle spielen.

Die wesentliche Frage ist derzeit die wirtschaftliche Tragfähigkeit des Einsatzes von Wasserstoff. Schon bei kleinen Gießereien sind für die Substitution des eingesetzten Erdgases signifikante Investitionen allein für die Elektrolyseure notwendig. Zudem entstehen im laufenden Betrieb mit Wasserstoff bei der heutigen Kostensituation deutlich höhere variable Aufwendungen als im Erdgasbetrieb. Daher ist neben der Finanzierung dieser Anlagen und den operativen Betriebskosten insbesondere die Entwicklung des Preises für CO_2-Emissionen von wesentlicher Bedeutung für die kommerzielle Nachhaltigkeit dieses Ansatzes. Kalkulatorisch gesehen wirken die variablen Kosten für die CO_2-Steuer dämpfend auf das Preisdifferenzial zwischen Erdgas und Wasserstoff, führen aber bei einer Umstellung auf Wasserstoff unter dem Strich dennoch zu einer Erhöhung der effektiven Belastung freier Geldmittel. Ein wirtschaftlicher Betrieb kann auch in Zukunft nur dann gewährleistet bleiben, wenn die politischen Rahmenbedingungen stimmen bzw. die Mehrkosten durch einen höheren Produktwert an die Endkunden weitergegeben werden können. Das wird allerdings in einem globalisierten Wettbewerb nicht immer möglich sein. Es bleibt somit die Gefahr, dass sich aus der Einführung der CO_2-Steuer ein wesentlicher Standortnachteil für das hiesige, CO_2-emittierende Gewerbe ergibt.

Dessen ungeachtet sollten sich Gießereien vorbereiten, CO_2-Emissionen kontinuierlich zu reduzieren und nach Potenzialen im eigenen Betrieb hierfür zu suchen. Dies kann durch Prozessoptimierung oder durch Investition in energiesparende Maßnahmen umgesetzt werden. Wasserstoff ist hierbei eine von vielen Möglichkeiten. Zur Erreichung der politischen Dekarbonisierungsziele erscheint der Weg über den Wasserstoff jedoch derzeit nahezu alternativlos.

Literatur

[1] Franke, S.: Taschenbuch der Gießerei-Praxis. Fachverlag Schiele & Schön GmbH, ISBN: 978-3-7949-0906-3, 2017

[2] Innovative Techniken: Beste verfügbare Techniken (BVT) in ausgewählten industriellen Bereichen, Teilvorhaben 3: Gießereien Volume 3: Technikerhebung, 2012

[3] Elektrostahl-Erzeugung, herausgegeben von Karl-Heinz Heinen im Auftrag des Vereins Deutscher Eisenhüttenleute VDEh. Stahleisen Verlag, ISBN: 3-514-00446-3, 1997

[4] Linde AG

[5] Dörr, H. et al.: Untersuchungen zur Einspeisung von Wasserstoff in ein Erdgasnetz. Energie /wasser-Praxis 11 (2016) sowie eigene Berechnungen, S. 51-62

[6] Brunhuber, E.: Gießerei Lexikon. Ausgabe 1991, 15. Auflage, Fachverlag Schiele & Schön GmbH, ISBN 3-7949-0516-4, 1991

[7] Töpler, J.; Lehmann, J.: Wasserstoff und Brennstoffzelle – Technologien und Marktperspektiven. 2. Auflage, Springer-Verlag GmbH, ISBN 978-3-662-53359-8, 2014, 2017

[8] https://www.bmbf.de/foerderungen/bekanntmachung-2337.html

[9] ITM Power-Linde Electrolysis (ILE))

Autor

Pascal Kwaschny
Linde Technology
Stockholm
+46 76-719 64 94
pascal.kwaschny@linde.com

Untersuchung zum Einsatz von Ammoniak zur dezentralen Wärmebereitstellung

Jörg Leicher, Marcel Biebl, Anne Giese, Klaus Görner

Ammoniak, Wasserstoff, Wärmebereitstellung, Erdgas, Klimaneutralität, Brennstoff, Prozesswärme

Die Anforderungen des Klimaschutzes, aber auch aktuelle politische Ereignisse, machen zunehmend deutlich, dass eine Transformation der Energiesysteme in Deutschland und Europa zwingend notwendig ist. Gleichzeitig muss aber auch eine sichere Versorgung mit Energie sichergestellt sein. Galt bis vor kurzem noch eine,all-electric world' als wahrscheinlichster Weg hin zur Klimaneutralität, wird nun immer deutlicher, dass Europa auch in Zukunft Energie wird importieren müssen. Wasserstoff und Ammoniak sind hier interessante regenerative Energieträger, können aber auch direkt als Brennstoffe eingesetzt werden. Das Gas- und Wärme-Institut Essen e. V. nimmt sich dieses anspruchsvollen Themas an und baut derzeit eine entsprechende Infrastruktur für experimentelle Verbrennungsuntersuchungen von Ammoniak im semi-industriellen Maßstab auf, um diese in laufenden Forschungs- und Entwicklungsprojekten einzusetzen.

Investigation on the use of ammonia for decentralized heat generation

The requirements of climate protection, but also current political events, make it increasingly clear that a transformation of the energy systems in Germany and Europe is imperative. At the same time however, a secure supply of energy must be ensured. While until recently an 'all-electric world' was considered the most likely path to climate neutrality, it has been becoming increasingly clear that Europe will have to continue import energy in the future as well. Hydrogen and ammonia are interesting regenerative energy carriers in this context but can also be used directly as fuels. Gas- und Wärme-Institut Essen e.V. (GWI) addresses this challenging issue and has been setting up a suitable test rig infrastructure for experimental combustion studies of ammonia on a semi-industrial scale for use in ongoing research and development projects.

Einleitung

Die Notwendigkeit, Treibhausgas-Emissionen weitestgehend zu reduzieren, ist eine der zentralen Herausforderungen des 21. Jahrhunderts. Gleichzeitig muss für eine moderne Industriegesellschaft eine kontinuierliche und bedarfsgerechte Energieversorgung sichergestellt sein, eine Notwendigkeit, die gerade im Hinblick auf die aktuellen politischen Ereignisse wieder in den Vordergrund gerückt ist. Mit allen Bemühungen und Investitionen der deutschen ‚Energiewende' ist es gelungen, den Anteil erneuerbarer Energien an der Stromversorgung auf gut 40 % anzuheben, von etwa 6 % im Jahre 2000 [1]. Allerdings gibt es viele Endverbrauchssektoren, für die Strom derzeit nur von untergeordneter Bedeutung ist, etwa im Bereich des häuslichen Wärmenutzung, des Verkehrs oder auch in der Prozesswärme. Bei der Prozesswärme, die 2019 etwa 22 % des deutschen Endenergieverbrauchs und knapp 2/3 des industriellen Energieverbrauchs ausmachte, werden beispielsweise lediglich etwa 8 % der Wärme durch Strom bereitgestellt, fossile Energieträger wie Erdgas (46 %) oder Kohle (24 %) sind hier weitaus wichtiger [2]. Allein der Versuch, den Bedarf an industrieller Prozesswärme durch erneuerbaren Strom zu decken, würde einen erheblichen Ausbau an Erzeugungskapazitäten, Netzen und Speichermöglichkeiten erfordern. Zudem gibt es, gerade im Bereich der Hochtemperaturprozesstechnik, Prozesse, die aus technischen Gründen nicht oder nur schwer elektrifiziert werden können [3], etwa in Prozessen der Aluminium-, Glas- oder Keramikindustrie.

Hinzu kommt, dass Strom nicht wirtschaftlich über große Distanzen transportiert werden kann. Die EU importierte nach EUROSTAT im Jahr 2019 etwas mehr als 60 % ihres Energiebedarfs, für Deutschland lag der Wert etwas höher (67 %). Dieser Import erfolgte durch die Einfuhr von Erdölprodukten, Kohle und Erdgas. Brennstoffe haben den grundsätzlichen Vorteil, dass mit ihnen große Energiemengen über interkontinentale Distanzen transportiert bzw. auch vor Ort gespeichert werden können. Japan beispielsweise deckt seinen Erdgasbedarf heute ausschließlich über LNG (Liquefied Natural Gas, verflüssigtes Erdgas) und plant im Rahmen seiner Dekarbonisierungsstrategie, in Zukunft Wasserstoff (H_2) und Ammoniak (NH_3) per Schiff zu importieren [4], [5]. Auch für Deutschland und die EU sind entsprechende Pilotprojekte in der Diskussion.

Generell erscheinen Wasserstoff (H_2) oder auch Wasserstoff-Derivate wie etwa Ammoniak (NH_3) gut geeignet, um erneuerbare Energie von Regionen, wo sie aufgrund der klimatischen Bedingungen ökonomisch sinnvoll generiert werden kann, zu speichern und dann zu den großen Energieverbrauchern in Europa, Nord-Amerika oder im asiatischen Raum zu transportieren. **Bild 1** zeigt eine Einschätzung der International Energy Agency [6] bzgl. der geschätzten Erzeugungskosten für grünen Wasserstoff weltweit.

Dies ist einer der Gründe, warum Wasserstoff als regenerativ erzeugter Energieträger in letzter Zeit verstärkt als eine zentrale Komponente eines zukünftigen dekarbonisierten und nachhaltigen Energiesystems in das Zentrum der Aufmerksamkeit gerückt ist und zunehmend Beachtung in verschiedenen nationalen und internationalen Strategien (etwa [7], [8], [9], [10]) findet. Gleichzeitig wächst die Erkenntnis, dass die EU auch in Zukunft nicht energieautark sein wird, wie auch eine Abschätzung des Wissenschaftlichen Dienstes des Europäischen Parlaments veranschaulicht: Allein um die europäische Stahlindustrie mithilfe von grünem Wasserstoff zu dekarbonisieren, wären zusätzliche (regenerative) Strommengen in der Größenordnung von 20 % der Stromerzeugung in Europa notwendig [11].

Eine technische Herausforderung wird es sein, die benötigten Mengen Wasserstoff über weite Distanzen zu transportieren. Prinzipielle Möglichkeiten wären etwa die Verflüssigung des Wasserstoffs (analog zum LNG heute, allerdings wären erheblich niedrigere Temperaturen notwendig), eine Kompression des Wasserstoffs oder eine chemische Speicherung des H_2, etwa in Form von LOHC (Liquid Organic Hydrogen Carriers) oder Ammoniak. Letzteres kann mit erheblich geringerem technischem Aufwand verflüssigt und transportiert werden als etwa Wasserstoff. Ammoniak bietet zudem den Vorteil, dass es direkt als Brennstoff eingesetzt werden könnte, etwa für dekarbonisierte Schiffsantriebe [12], [13] oder auch für (dezentrale) stationäre Verbrennungsprozesse [14], [15].

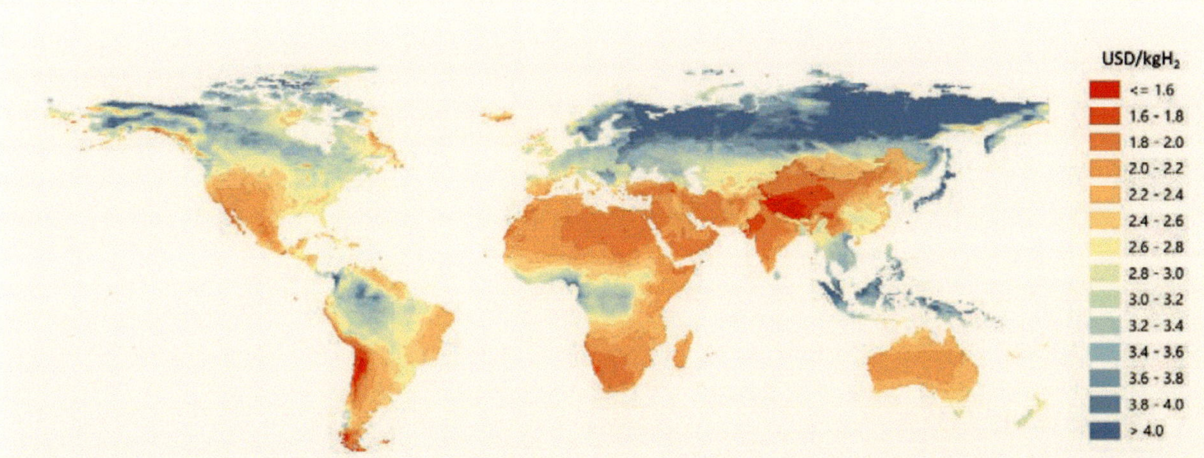

Notes: This map is without prejudice to the status of or sovereignty over any territory, to the delimitation of international frontiers and boundaries and to the name of any territory, city or area. Electrolyser CAPEX = USD 450/kW$_e$, efficiency (LHV) = 74%; solar PV CAPEX and onshore wind CAPEX = between USD 400–1 000/kW and USD 900–2 500/kW depending on the region; discount rate = 8%.

Source: IEA analysis based on wind data from Rife et al. (2014), *NCAR Global Climate Four-Dimensional Data Assimilation (CFDDA) Hourly 40 km Reanalysis* and solar data from renewables.ninja (2019).

Bild 1: IEA-Abschätzung der Erzeugungskosten für grünen Wasserstoff weltweit [6]

Tabelle 1: Vergleich der verbrennungstechnischen Eigenschaften von Methan, Wasserstoff und Ammoniak. Alle Angaben in (25 °C / 0 °C).

	Einheit	CH_4	H_2	NH_3
$H_{i,vol}$	MJ/mN^3	35,83	10,80	14,14
$H_{i,m}$	MJ/kg	50,03	120,0	18,60
$H_{S,vol}$	MJ/mN^3	39,75	12,76	17,09
$H_{S,m}$	MJ/kg	55,51	141,78	22,48
ρ_N	kg/mN^3	0,716	0,09	0,76
W_S	MJ/mN^3	53,28	48,24	22,0
O_{2min}	mN^3/mN^3	2	0,5	0,75
L_{min}	mN^3/mN^3	9,524	2,381	3,571
T_{ad} ($\lambda = 1$)	°C	1.951	2.106	1.798
s_L ($\lambda = 1$)	cm/s	38,57	209	6,8
$V_{abg,feucht}$ ($\lambda = 1$)	mN^3/mN^3	10,52	2,88	4,82
$V_{abg,trocken}$ ($\lambda = 1$)	mN^3/mN^3	8,52	1,88	3,32
Zündgrenzen in λ [15]	-	0,58–2	0,14–10	0,71–1,59
Selbstzündtemperatur [15]	°C	630	520	650

Ammoniak als Brennstoff

Ammoniak unterscheidet sich als Brennstoff deutlich sowohl von Erdgas als auch von Wasserstoff. Dies wird bereits anhand einiger wesentlicher verbrennungstechnischen Kenngrößen deutlich, wie **Tabelle 1** veranschaulicht. In der Tabelle sind einige relevante Kenngrößen von NH_3 im Vergleich zu Methan (CH_4, stellvertretend für Erdgas) und Wasserstoff (H_2) dargestellt. Wichtig ist hier vor allem, dass diese veränderten Brennstoffeigenschaften nicht nur kalorische Größen wie etwa den Wobbe-Index oder Heiz- und Brennwert oder auch die adiabaten Verbrennungstemperaturen betreffen, sondern dass auch das reaktionskinetische Verhalten von Ammoniak völlig anders ist.

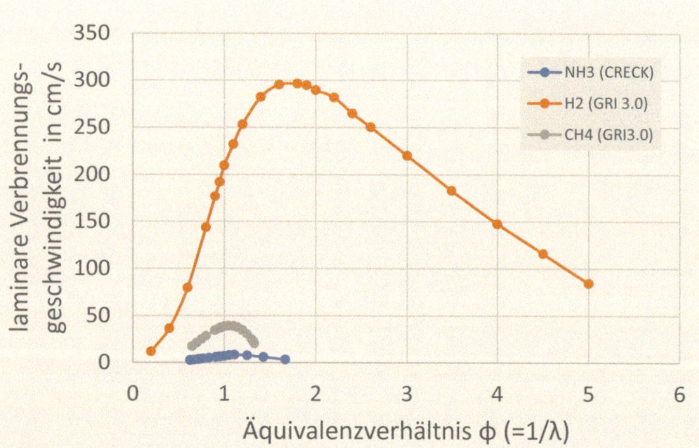

Bild 2: Laminare Verbrennungsgeschwindigkeiten für CH_4, H_2 und NH_3 als Funktionen des Äquivalenzverhältnisses $\phi(= 1/\lambda)$ bei p = 1 bar, Tinit = 25 °C (Quelle: GWI)

Während Wasserstoff weitaus reaktiver ist als Methan, was zum Beispiel durch die laminare Verbrennungsgeschwindigkeit s_L deutlich wird, weist Ammoniak erheblich niedrigere Werte für s_L auf. **Bild 2** zeigt den Verlauf der laminaren Verbrennungsgeschwindigkeiten von CH_4, H_2 und NH_3 als Funktion des Äquivalenzverhältnisses $\phi(= 1/\lambda)$. Als Reaktionsmechanismen wurde für die CH_4- und die H_2-Verbrennung der GRI 3.0 [16] und für die NH_3-Verbrennung ein Mechanismus der CRECK-Gruppe [17] aus Mailand verwendet.

Wie deutlich Ammoniak sich in seinem Reaktionsverhalten von Wasserstoff oder auch Methan unterscheidet, wird anhand von **Bild 3** deutlich. Hier sind die entdimensionierten Reaktionsverläufe der drei Brennstoffe dargestellt, wie sie sich in Simulationen einer frei propagierenden, eindimensionalen laminaren Vormischflamme ($\lambda = 1$) darstellen. Diese Rechnung stellt zwar, verglichen mit einer realen Verbrennung, eine erhebliche Vereinfachung dar, ist aber gerade aufgrund dieser Vereinfachungen gut geeignet, die wesentlichen qualitativen Unterschiede in der Reaktionskinetik dieser Brennstoffe zu veranschaulichen und geeignete Modellierungsansätze, zum Beispiel für den Einsatz in CFD-Simulationen, zu ermitteln.

Auf der linken Seite ist die normierte Wärmefreisetzungsrate über der normierten Ortskoordinate dargestellt, auf der rechten Seite die normierte Wärmefreisetzungsrate über einer temperaturbasierten Reaktions-

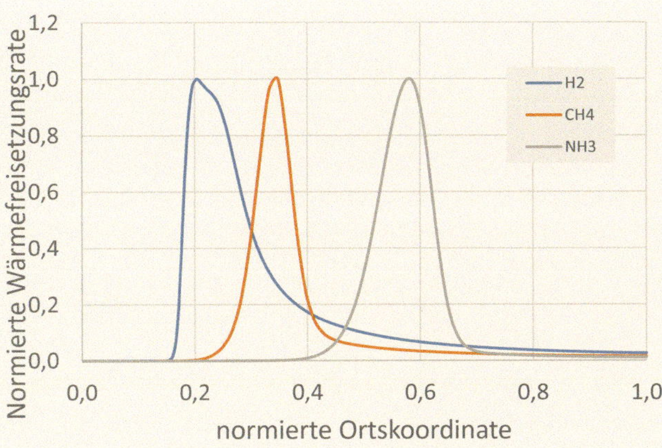

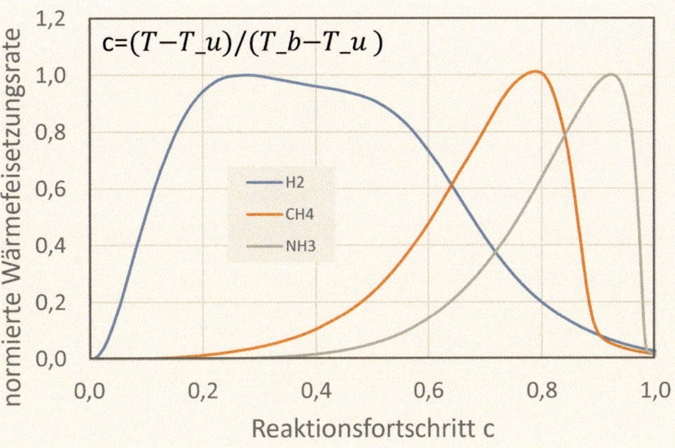

Bild 3: Normierte Wärmefreisetzungsraten über der normierten Ortskoordinate (links) und dem Reaktionsfortschritt (rechts) für die stöchiometrische Verbrennung von CH_4, H_2 und NH_3 (Quelle: GWI)

fortschrittsvariable c. T_b ist hier die Temperatur des Abgases nach Abschluss der Verbrennung, T_u die Temperatur des unverbrannten Gemischs (hier 300 K).

Der Vergleich der Kurven zeigt die erheblichen Unterschiede bei den reaktionskinetischen Abläufen in der Verbrennung der jeweiligen Brennstoffe, unterstreicht vor allem aber auch, wie zündunwillig Ammoniak im Vergleich zu Methan und insbesondere zu Wasserstoff, ist. Detailliertere Betrachtungen der reaktionskinetischen Eigenheiten von Ammoniak als Brennstoff finden sich u. a. auch in [15].

Diese Betrachtungen weisen bereits darauf hin, dass bei der Verbrennung von reinem Ammoniak besondere Maßnahmen getroffen werden müssen, um eine stabile Flamme zu etablieren, etwa in Form von Pilotflammen. Alternativ wäre auch der Einsatz von NH_3/H_2-Gemischen denkbar (etwa durch ein teilweises Aufspalten des NH_3), um die Eigenschaften des Brennstoffs aktiv zu beeinflussen.

Die zweite verbrennungstechnische Herausforderung bei der Verbrennung von NH_3 dürften die Stickoxid-Emissionen (NO_X) sein. Während für die meisten gasförmigen Brennstoffe die NO_X-Bildung über den thermischen Bildungspfad (thermisches NO_X) dominant ist, wird bei der NH_3-Verbrennung die NO_X-Bildung über den brennstoff-gebundenen Stickstoff eine zentrale Rolle spielen. Daher ist bei der NH_3-Verbrennung mit potenziell erheblich höheren NO_X-Emissionen zu rechnen, was durch geeignete Primär- und Sekundärmaßnahmen kompensiert werden muss, um die gesetzlichen Grenzwerte einzuhalten. Da dieser Bildungspfad über brennstoffgebundenen Stickstoff eigentlich eher für die NO_X-Bildung beim Einsatz von festen Brennstoffen typisch ist, ist es naheliegend, entsprechende Primärmaßnahmen aus der Feststoffverbrennung für die Ammoniakverbrennung zu adaptieren. Eine mögliche Technologie ist hier die oszillierende Verbrennung [18], [19], d. h. eine zeitliche Stufung der lokalen Luftzahlen, deren Potenzial für die NH_3-Verbrennung derzeit am Gas- und Wärme-Institut untersucht wird. Andere Ansätze zielen auf eine räumliche Stufung der Verbrennung ab [20], [21].

Zudem muss bei der Ammoniakverbrennung die Bildung von Lachgas (N_2O) vermieden werden, da N_2O ein potentes Treibhausgas mit einem GWP20-Wert von über 260 (Global Warming Potential über einen Zeitraum von 20 Jahren. CO_2 hat einen GWP20-Wert von 1) ist [22].

Experimentelle Untersuchungen der NH_3-Verbrennung im semi-industriellen Maßstab

Auch wenn die theoretischen und reaktionskinetischen Untersuchungen der Eigenschaften der Ammoniakverbrennung wertvolle Erkenntnisse zum Einsatz dieses schwierigen Brennstoffs liefern können, ist es dennoch unverzichtbar, praktische Erfahrungen im semi-industriellen Maßstab zu sammeln. Daher erweitert das Gas- und Wärme-Institut Essen e.V. (GWI) derzeit seine Versuchsinfrastruktur, um in Zukunft Untersuchungen der Verbrennung von Ammoniak und Ammoniak-Gemischen unter praxisnahen Bedingungen durchführen zu können.

Die seit August 2022 betriebsbereite Ammoniakanlage wurde direkt in die vorhandene Versuchsinfrastruktur des Technikums integriert. Dies bietet den Vorteil, dass neben der Verwendung von reinem Ammoniak zusätzlich diverse Brenngasgemische bestehend aus NH_3, Erdgas, H_2, CO, CO_2, N_2, und C_3H_8 vor Ort hergestellt und genutzt werden können. Ferner stehen bei der Wahl des Oxidators weiterhin Luft, Sauerstoff und mit Sauerstoff

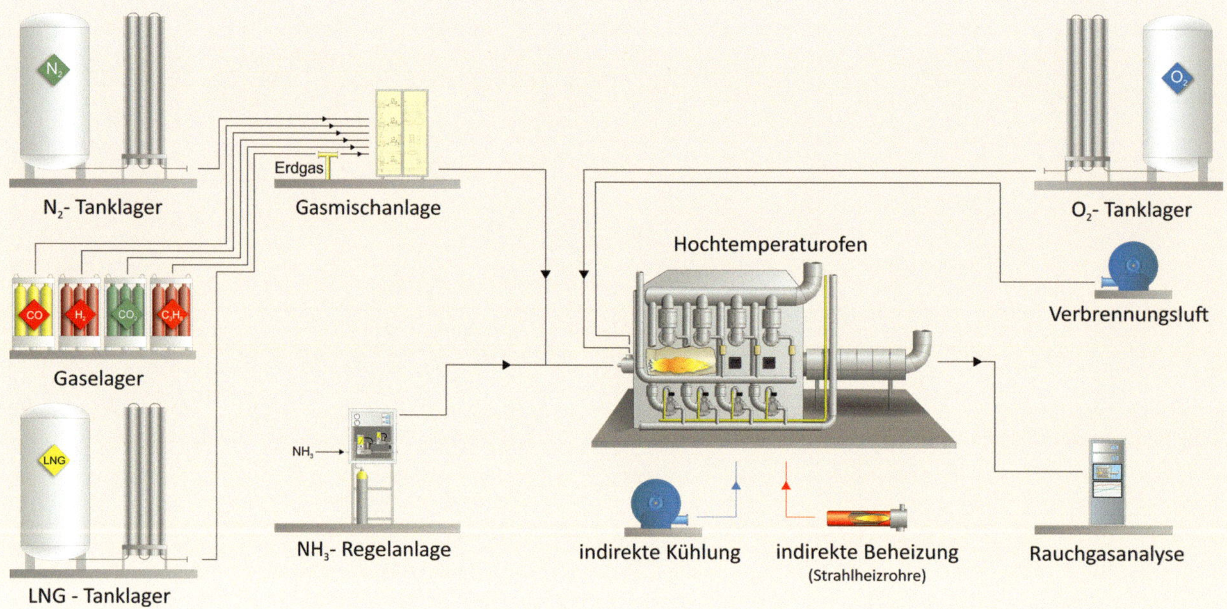

Bild 4: Schematische Darstellung der Versuchsinfrastruktur am GWI (Quelle: GWI)

angereicherte Luft zur praxisnahen Untersuchung der NH_3-Verbrennung zur Verfügung.

Die Mess- und Regelungstechnik der NH_3-Anlage besteht in der Hauptsache aus mehreren Massenstrom-Durchflussmessern (MFC) der Firma Bronkhorst. Diese bieten neben der hohen Mess- und Regelgenauigkeit den erheblichen Vorteil, dass sich die Ansteuerung in die vorhandene Software an den Versuchsständen implementieren lässt. Zur Herstellung einer maximalen Flexibilität im experimentellen Umfeld sind die Messbereiche der MFCs entsprechend ausgewählt: Insgesamt wird damit ein stufenloser Mess- und Regelbereich von 0,03–41,5 m^3N/h realisiert. Dies entspricht einer maximalen Brennerleistung von ca. 165 kW im reinen Ammoniakbetrieb.

Der untere Messbereich dient vor allem der detaillierten Voruntersuchung der Grenzen einer Ammoniakverbrennung. Für diese ersten Untersuchungen wird zurzeit ein Laborbrennerprüfstand gefertigt. Der hierbei einzusetzende Brenner wurde insbesondere im Hinblick auf die nachteiligen Verbrennungseigenschaften von Ammoniak konzeptioniert und wird zurzeit im 3D-Druckverfahren hergestellt. Die additive Fertigung (3D-Druck) des komplexen Bauteils übernimmt hierbei freundlicherweise die Firma Kueppers Solutions GmbH (**Bild 5**).

Eine nicht triviale Aufgabe stellte ferner die Erweiterung der vorhandenen Rauchgasanalyse dar: Aufgrund des Fehlens technischer Anwendungen am Markt und nur rar gesäter Literaturquellen zur nicht-motorischen Ammoniakverbrennung mussten die zu erwartenden Konzentrationen und Messbereiche der jeweiligen Rauchgaskomponenten gänzlich neu abgeschätzt werden. Zudem liegt weiterhin eine zentrale Fragestellung bei der Verbrennung von NH_3 in dem Emissionsverhalten hinsichtlich NO_X, N_2O und NH_3. Die Bestandsanalyse wurde in Anbetracht dessen um mehrere Gasanalysatoren zur messtechnischen Erfassung der nachfolgenden Spezies erweitert:

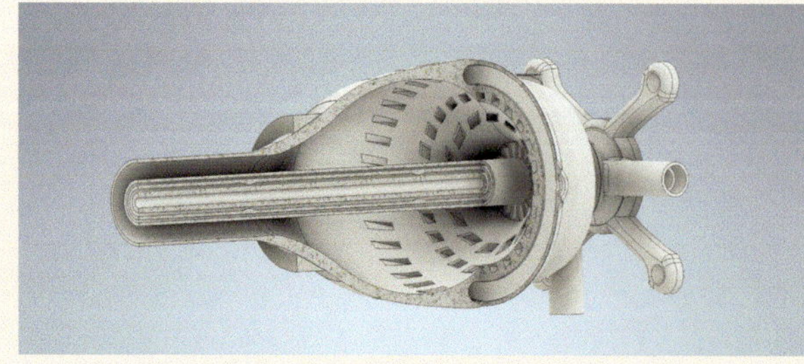

Bild 5: Entwurf des 20 kW-Versuchsbrenners (Quelle: GWI)

Tabelle 2: Spezies und mögliche Messbereiche

Spezies	Messbereiche
NO	0–5 Vol.-%
NO_2	0–5 Vol.-%
N_2O	0–5.000 ppmV
NH_3	0–2.000 ppmV

Nebst dem Infrastrukturaufbau zur Versorgung, Verbrennung und Erweiterung der Emissionsmessung wurde das Technikum hinreichend sicherheitstechnisch auf den anspruchsvollen und gesundheitsgefährdenden Brennstoff vorbereitet. Hierzu zählt neben der Einbindung der NH_3-Anlage in die vorhandenen Ofen- und Brennersteuerungen auch die Nachrüstung der Gaswarnanlage (MAK) sowie Gaswarnsensoren zur Leckageüberwachung. Ebenfalls wurde eine entsprechende Anpassung der persönlichen Schutzausrüstung (PSA) der Mitarbeiter für den Umgang mit Ammoniak vorgesehen.

Zusammenfassung

Die Herausforderungen der Dekarbonisierung bringen auch und gerade für die Verbrennungstechnik neue Aufgaben mit sich, da die Verbrennung nach wie vor die primäre Form der Bereitstellung von Energie ist, quer über alle Sektoren hinweg. Klassische, ‚fossile' Brennstoffe wie etwa Erdgas werden jedoch zunehmend durch regenerative und nachhaltige Brennstoffe wie etwa ‚grünen' Wasserstoff oder Ammoniak ersetzt werden müssen, um die energiebedingten Treibhausgasemissionen nachhaltig zu reduzieren.

Gerade für die Speicherung und den Transport von ‚grüner' Energie über große Distanzen weist Ammoniak, verglichen mit Wasserstoff, einige Vorteile auf. Ammoniak kann verhältnismäßig leicht verflüssigt und dann transportiert werden, der Transport von Wasserstoff ist hier technisch weitaus aufwändiger. Aber auch als Brennstoff kann Ammoniak eine interessante Alternative zu Wasserstoff sein, etwa in motorischen Anwendungen, aber auch bei stationären Verbrennungsprozessen. Hierbei sind jedoch die grundsätzlich anderen Verbrennungseigenschaften von NH_3 im Vergleich zu H_2 oder auch Erdgas zu berücksichtigen. Wesentliche technische Herausforderungen dürften hier vor allem die Flammenstabilisierung und die potenziell erheblich höheren Stickoxid-Emissionen sein. Auch die Bildung von N_2O (Lachgas) muss unterdrückt werden, da dies ebenfalls ein sehr potentes Treibhausgas ist.

Um die Möglichkeiten der Ammoniakverbrennung zu untersuchen, erweitert das GWI derzeit seine Versuchsinfrastruktur, um Erfahrungen mit diesem neuen und schwierigen Brennstoff im semi-industriellen Maßstab zu sammeln.

Literatur

[1] Stromerzeugung und -verbrauch in Deutschland. BDEW Bundesverband der Energie- und Wasserwirtschaft e. V., 2021

[2] Auswertungstabellen zur Energiebilanz Deutschland – Daten für die Jahre von 1990 bis 2019. Arbeitsgemeinschaft Energiebilanzen (AGEB), 2020

[3] Friedmann, S. J.; Fan, Z.; Tang, K.: Low-carbon heat solutions for heavy industry: sources, options, and costs today. Columbia University – Center on Global Energy Policy, New York, USA, 2019

[4] Energy Carriers. Japan Science and Technology Agency, Tokio, Japan, 2015

[5] Lovegrove, K.: Japan - a future market for Australian solar ammonia. Gehalten auf der NH3 Fuel Conference, Los Angeles, USA, 2016

[6] IEA: The Future of Hydrogen: Seizing today's opportunities – Report prepared by the IEA for the G20, Japan, Juni 2019, Zugegriffen: 23. Juni 2021

[7] Die Nationale Wasserstoffstrategie. Bundesministerium für Wirtschaft und Energie (BMWi), Berlin, 2020

[8] A hydrogen strategy for a climate-neutral Europe. Europäische Kommission, Brüssel, Belgien, 2020

[9] Government Strategy on Hydrogen. Den Haag, NL, 2020

[10] Stratégie nationale pour le développement de l'hydrogène décarboné en France. Paris, Frankreich, 2020

[11] Kurrer, C: The potential of hydrogen for decarbonising steel production. European Parliamentary Research Service, Brüssel, Belgien, Briefing PE 641.552, 2020

[12] Ash, N.; Scarbrough, T.: Sailing on Solar – Could green ammonia decarbonise international shipping? Environmental Defense Fund /Ricardo, London, UK, 2019

[13] McKinlay, C. J.; Turnock, S. R.; Hudson, D. A.: A Comparison of Hydrogen and Ammonia for Future Long Distance Shipping Fuels. NG/LPG and Alternative Fuels. London, UK, 2020

[14] Valera-Medina, A.; Morris, S.; Runyon, J.; Pugh, D. G.; Marsh, R.; Beasley, P.; Hughes, T.: Ammonia, Methane and Hydrogen for Gas Turbines. In: Energie Procedia, Bd. 75, 2015, S. 118–123

[15] Kobayashi, H.; Hayakawa, A.; Kunkuma, K. D.; Somarathne, A.; Okafor, E. C.: Science and technology of ammonia combustion. In: Proceedings of the Combustion Institute, Bd. 37, 2019, S. 109–133

[16] Smith, G. P.; Golden, D. M.; Frenklach, M.; Moriarty, N. W.; Eiteneer, B.; Goldenberg, M.; Bowman, C. T.; Hanson, R. K.; Song, S.; Gardiner Jr., W. C.; Lissianski, V. V.; Quin, Z., 2000

[17] Stagni, A.; Cavallotti, C.; Arunthanayaothin, S.; Song, Y.; Herbinet, O.; Battin-Leclerc, F.; Faravelli, T.: An experimental, theoretical and kinetic-modeling study of the gas-phase oxidation of ammonia. In: Reaction Chemistry & Engineering, Bd. 5, 2020, S. 696

[18] Gehrmann, H.-J.; Scherrmann, A.; Stapf, D.; Seifert, H.; Matthes, J.; Waibel, P.; Vogelbacher, M.; Keller, H. B.; Faber, H.; Schopf, N.: Stickoxidminderung durch einen Pulsationsbrenner für staubförmige Brennstoffe. 47. Kraftwerkstechnisches Kolloquium, Dresden, 2015

[19] Jaeger, B.; Wirtz, S.; Scherer, V.; Gehrmann, H.-J.; Aleksandrov, K.; Hauser, M.; Stapf, D.; Pollmeier, G.; Danz, P.: Experimentelle und numerische Untersuchung der NOx-Emissionen bei der Biomasseverbrennung mit oszillierender Sekundärluftzufuhr. 30. Deutscher Flammentag für nachhaltige Verbrennung, Hannover, 2021

[20] Wünning, J. G.; Wünning, J. A.: Mehrstufige Flammlose Oxidation. 29. Deutscher Flammentag, Bochum, 2019

[21] Giesler, L.; Schmitz, N.; Pfeifer, H.; Cresci, E.; Wünning, J. G.: FLOX-2: Aktuelle Arbeiten zur mehrstufigen flammlosen Oxidation. Gehalten auf dem 3. Aachener Ofenbau- und Thermoprozess- Kolloquium, Aachen, 2021

[22] Climate Change 2014: Mitigation of Climate Change. Intergovernmental Panel on Climate Change (IPCC), Working Group III Contribution to the Fifth Assessment Report of the Intergovernmental Panel on Climate Change, 2014

Autoren

Dr.-Ing. **Jörg Leicher**
Gas- und Wärme-Institut Essen e.V.
Essen
0201/3618-278
joerg.leicher@gwi-essen.de

Dipl.-Ing. **Marcel Biebl**
Gas- und Wärme-Institut Essen e.V.
Essen
0201/3618-247
marcel.biebl@gwi-essen.de

Dr.-Ing. **Anne Giese**
Gas- und Wärme-Institut Essen e.V.
Essen
0201/3618-257
anne.giese@gwi-essen.de

Prof. Dr.-Ing. habil **Klaus Görner**
Gas- und Wärme-Institut Essen e.V.
Essen
0201/3618-101
klaus.goerner@uni-due.de

Zukunftsfähige Automatisierung fördert Power-to-X-Verfahren

Mathias Füller

Schlagwörter: Power-to-X, Automatisierung, All Electric Society, Brennstoffzellen, Infrastruktur, Datensicherheit, Elektrolyseure

Mit Power-to-X-Verfahren können die Spitzen und Senken der Produktivität erneuerbarer Energieerzeuger abgepuffert werden. Grüner Wasserstoff gilt daher als wichtiger Bestandteil beim Übergang zur „All Electric Society". Bei der Automatisierung der gesamten notwendigen Technik – vom Elektrolyseur über Pipelines und Speicher bis hin zur Brennstoffzelle – ist höchste Sicherheit mit Effizienz und Wirtschaftlichkeit zu vereinen. Digitalisierung, modulare Bauweise und Skalierbarkeit werden durch moderne Konzepte unterstützt.

Future-proof automation promotes power-to-X processes

Power-to-X processes can be used to buffer the peaks and troughs in the productivity of renewable energy generators. Green hydrogen is therefore considered an important component in the transition to the "All Electric Society". When automating all the necessary technology, from electrolyzers to pipelines and storage to fuel cells, the highest level of safety must be combined with efficiency and cost-effectiveness. Digitization, modular design and scalability are supported by modern concepts.

Mit den Wetterkatastrophen der vergangenen Monate rückt die Klimakrise wieder in den Mittelpunkt der Aufmerksamkeit. Wohl nicht zuletzt deshalb gewinnt die Energiewende mehr und mehr an Akzeptanz. Als Lösungsansatz wird häufig das Zukunftsbild der All Electric Society diskutiert, in der CO_2-neutral generierte Elektrizität die Energieversorgung dominiert. Bestandteil des Prinzips der All Electric Society ist regenerativ erzeugte elektrische Energie – etwa aus Sonnenenergie –, die in speicherbare Energie umgewandelt wird. Dabei kommen sogenannte Power-to-X-Technologien zum Einsatz. Stromüberschuss, der bei starker Sonneneinstrahlung, viel Wind oder einem Überangebot von Wasser in den entsprechenden Anlagen entsteht, wird dabei zur Produktion von Treibstoffen (Power-to-Fuel), Wasserstoff (Power-to-Gas), Ammoniak, Methanol oder anderen Chemikalien genutzt.

Im Rahmen des All-Electric-Society-Gedankens werden einige der so hergestellten Stoffe wiederum zur Generierung elektrischer Energie verwendet, nehmen also die Rolle eines Energiespeichers ein, der die Fluktuation der genannten erneuerbaren Energien abpuffert und eine kontinuierliche Versorgung mit Energie sicherstellt. Derartige Power-to-X-Technologien unterstützen die Sektorenkopplung, durch die Strom-, Wärme-, Gas- und Mobilitätssektoren vernetzt werden (s. **Bild 1**).

Erneuerbare Energien speicherbar machen

Power-to-X kann folglich als Antwort auf das Bestreben nach Klimaneutralität gelten. Erneuerbare Energien werden damit in großen Mengen über lange Zeiträume speicher- und verteilbar. Mit Blick auf die Mobilität wird insbesondere Power-to-Gas als Schlüsseltechnologie angesehen. Die Möglichkeit, Wasserstoff aus Wasser in Elektrolyseuren zu erzeugen, ist nicht grundsätzlich neu. Die jeweiligen Technologien sind in der chemischen und gasherstellenden Industrie seit langem im Einsatz. Brennstoffzellen, die den Wasserstoff durch die Umsetzung mit Sauerstoff zu Elektrizität umwandeln, gibt es ebenfalls seit vielen Jahren.

Im Rahmen der Energiewende, bei der die neuen Energieträger nicht nur eine CO_2-freie, sondern darüber hinaus wirtschaftlich konkurrenzfähige Alternative zu fossilen Brennstoffen darstellen sollen, müssen die Verfahren deutlich wirtschaftlicher werden. Bei Elektrolyseuren ist beispielsweise von einer Senkung auf rund ein Drittel des aktuellen Preises die Rede. Auf der anderen Seite fördert die CO_2-Steuer die Dekarbonisierung von Industrie, Verkehr und Privatwirtschaft. Das erklärte Ziel der Bundesregierung Deutschlands, bis 2045 Treibhausgasneutralität zu verwirklichen, muss jetzt bereits mit Hochdruck verfolgt werden. Die sogenannte „Green Automation" kann und muss dabei eine zentrale Rolle spielen.

Dahinter steht eine Gemeinschaftsinitiative, initiiert durch VDMA Robotik + Automation und das Fraunhofer Institut für Produktionstechnik und Automatisierung. Ihr Ansatz ist vielschichtig. Zum einen sollen Fertigungsprozesse nachhaltig, sprich ressourcenschonend und energiesparend, gestaltet werden. Automatisierungstechnik soll zudem dazu beitragen, innovative Lösungen, die die Dekarbonisierung unterstützen, voranzutreiben und bezahlbar zu machen. Im Rahmen von Power-to-Gas kommen zu diesem Zweck verschiedene Applikationen infrage: Wasser-Elektrolyseverfahren und Brennstoffzellen profitieren von intelligenter Automatisierung in Verbindung mit Digitalisierung ebenso wie der Betrieb von Pipelines oder die Überwachung von Lagerstätten.

Bild 1: All Electric Society steht für eine komplett regenerativ erzeugte elektrische Energie (©: PopTika@shutterstock.com)

Mit Power-to-X zur All Electric Society

Phoenix Contact hat das Zukunftsbild der All Electric Society zum eigenen strategischen Ziel erklärt. Einer der wichtigen Ansatzpunkte für zahlreiche Aktivtäten ist die Unterstützung der Power-to-X-Technologien, und zwar an allen Stellen der Supply Chain für die Transformation von erneuerbaren Energien in Wasserstoff, Methanol oder andere Chemikalien und Treibstoffe bis hin zur Rückumwandlung zu elektrischem Strom, in denen die Automatisierung eine wesentliche Rolle spielt. In diesem Zusammenhang gilt es für die kritischen Infrastrukturen, die dort zum Tragen kommen, die Sicherheit bereitzustellen, wobei das auch den Explosionsschutz sowie die IT-Sicherheit beinhaltet. Im Fokus stehen Anwendungen von Wasserstoff im Rahmen der Mobilität, etwa für Busse und LKW, sowie in der Industrie und in Gebäuden. Viele Produkte und Lösungen von Phoenix Contact, die sich in traditionellen Prozessen bewährt haben, sind ebenfalls bei der Erzeugung, dem Transport sowie der Lagerung und Transformation von Power-to-X (P2X)-Produkten in elektrische Energie relevant. Erste Projekte – darunter insbesondere die Automatisierung von Brennstoffzellensystemen und Elektrolyseanlagen – zeigen ferner, dass sich gerade Modularität und Skalierbarkeit in diesem Umfeld als wichtig erweisen (s. **Bild 2**).

Innovative Automatisierungskonzepte auf Basis offener, moderner Industriestandards

Derzeit gibt es eine Flut an P2X-Projekten. Es herrscht Goldgräberstimmung. Täglich werden neue Projekte zur Produktion von grünem Wasserstoff an Standorten der Stahl-, Öl- und Gasindustrie zum Ausbau von Pipelines, für Investitionsvorhaben zur Kapazitätserhöhung bei den Herstellern von Elektrolyseuren sowie Machbarkeitsstudien von Wasserstoffanlagen auf der grünen Wiese neben großen Solaranlagen oder Windparks vorgestellt. Angesichts dieses Booms sollte die damit entstehende neue Industriesparte selbstverständlich anstreben, auf ebenso neue Automatisierungskonzepte zu setzen. Diese sollten die im Rahmen der Digitalisierung geforderte Offenheit und die neusten industriellen Standards

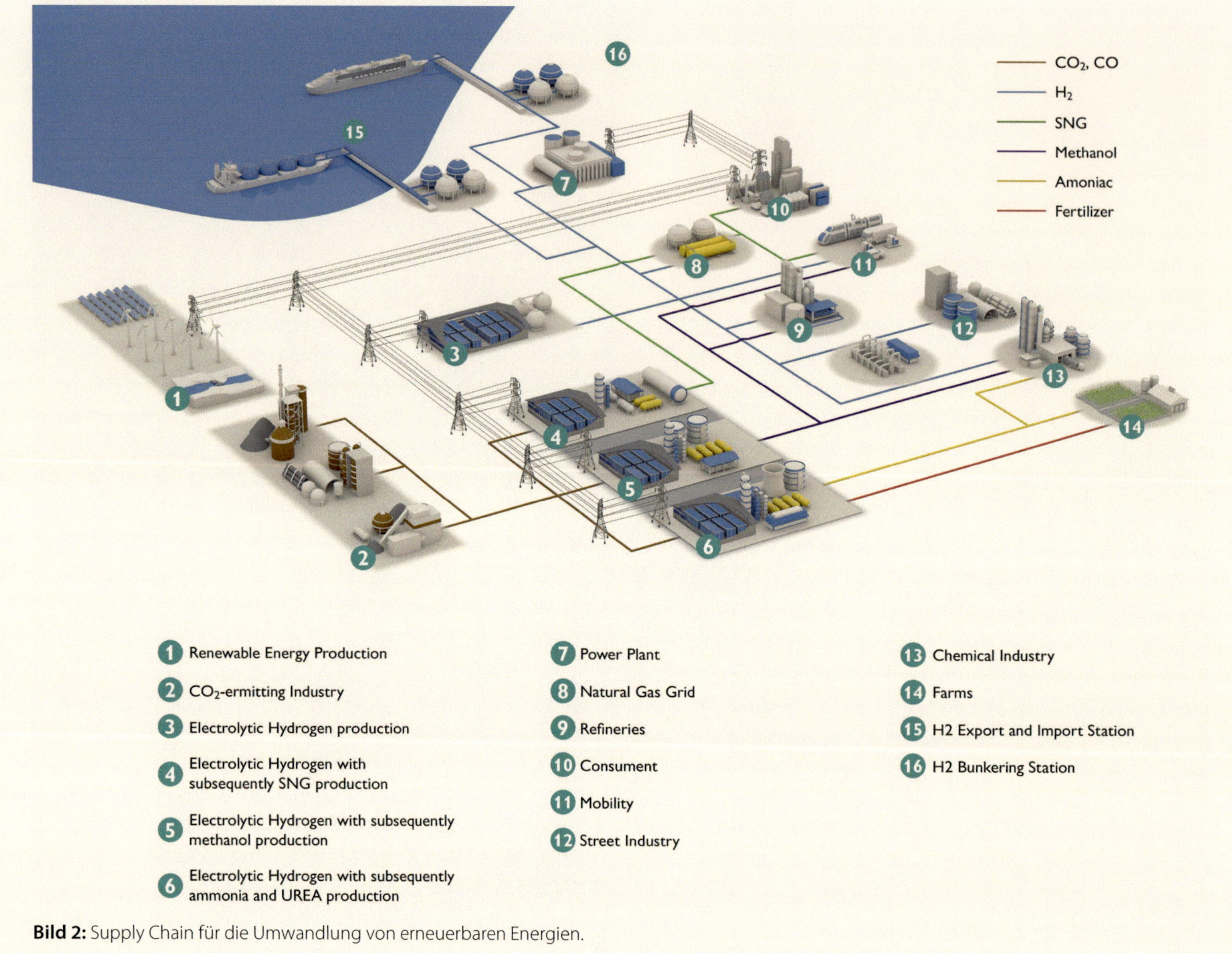

Bild 2: Supply Chain für die Umwandlung von erneuerbaren Energien.

umfassen. Mit dem bestehenden Produktportfolio und dem offenen, sicheren Automatisierungssystem PLCnext Technology bietet Phoenix Contact die Basis, um Konzepte wie Open Process Automation umzusetzen sowie eine einfache Konnektivität von modularen Anlagenteilen mit dem Standard Modul Type Package (MTP) herzustellen. Das beschleunigt die Konstruktion, das Engineering, den Aufbau und die Inbetriebnahme von Anlagen. Außerdem unterstützt PLCnext Technology das NOA (Namur Open Architecture)-Konzept, das Produktionsdaten einfach und sicher nutzbar macht sowie eine wesentliche Grundlage für die kontinuierliche Prozessoptimierung, vorausschauende Instandhaltung und zahlreiche weitere Vorteile der Digitalisierung bildet. Mit speziellen Features wie Cloud-Modem, Safety-Steuerungen und Zugang zu einem App Store bildet das Open-Source-Ecosystem PLCnext Technology eine zukunftsfähige Grundlage für die Automatisierung aktuell entstehender Anlagen (s. **Bild 3**).

Funktionale und Datensicherheit als essenzielle Rahmenbedingungen

Power-to-X-Industrien stellen genauso hohe Anforderungen an die IT-Sicherheit (Cyber Security) wie die herkömmlichen Energieversorger. Dabei gilt es nicht nur, an der einen oder anderen Stelle der kritischen Infrastruktur Firewalls zu installieren. Zur Minimierung sämtlicher Cyber-Sicherheitsrisiken in den P2X-Anlagen sollten die Schutzziele definiert werden, die auf der gängigen Norm IEC 62443 „IT-Sicherheit für industrielle Automatisierungslösungen" basieren. Als zertifizierter ICS-Security Service Provider steht Phoenix Contact hier nachhaltig zur Seite (s. **Bild 4**).

Der ganzheitliche Ansatz beinhaltet auch eine auf Sicherheit ausgerichtete Produktentwicklung. Für Anwendungen in der Wasserstoffindustrie müssen die eingesetzten Produkte hier explosionsgeschützt sowie vibrations- und temperaturresistent ausgeführt werden (s. **Bild 5**). Die funktionale Sicherheit ist ebenfalls von großer Bedeutung. Die Erfahrungen aus der Prozessindustrie verdeutlichen, dass das Beherrschen von Risiken nicht nur mit Blick auf den Schutz von Umwelt und Mensch, sondern ebenso für den Erhalt der Anlagen und damit für die Sicherung der Investition essenziell ist. Ergänzend zum Sicherheitsintegritätslevel (SIL) spielt der Performance Level (PL) eine wichtige Rolle bei der Nutzung automatisierter Sicherheitssysteme. Dezentrale, flexibel konfigurierbare Lösungen wie die SafetyBridge Technology werden heute schon in SIL3-Applikationen in unterschiedlichen Anwendungen eingesetzt. Sie lassen sich auf einfache Weise in die Steuerung integrieren.

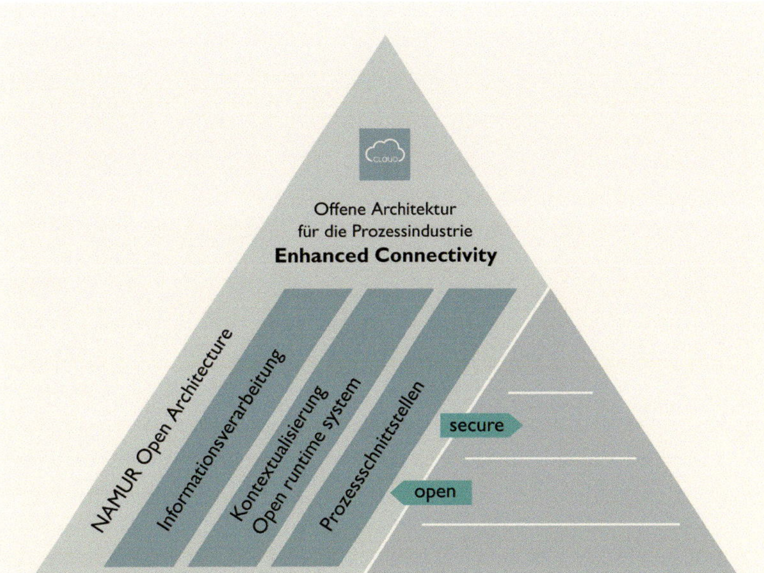

Bild 3: Das offene Ecosystem PLCnext Technology stellt einen Wegbereiter für das NOA-Konzept dar.

Zuverlässige Warnung vor explosionsfähigen Atmosphären

Leistungsfähige Safety-Steuerungen für komplexe Applikationen im Rahmen von P2X können zudem in Profisafe- und Profinet-Netze eingebunden werden. Sicheres Abschalten oder sichere Gaserkennungs- und andere Funktionen der funktionalen Sicherheit lassen sich somit herstellerunabhängig verwirklichen. Ergänzend tragen Komponenten für den Überspannungsschutz sowie beispielsweise Kameras zur Überwachung dezentraler Infrastruktur zur Sicherheit bei. Ein weiterer wesentlicher Sicherheitsaspekt resultiert aus den häufig brennbaren Gasen, die im Rahmen von P2X erzeugt, transportiert und gelagert werden. Entweichen sie unbemerkt, kann eine explosionsfähige oder giftige Atmosphäre entstehen. Um das Personal in solchen Fällen zu warnen, sind eine entsprechende Sensorik sowie Gaswarngeräte notwendig. Auch der Werksverkehr muss aus solchen Bereichen ferngehalten werden. Über geeignete Übertragungstechnik werden Ampelanlagen, die diesen Verkehr regeln, mit den Gaswarngeräten gekoppelt.

Bild 4: Cyber Security geht über die Installation einer Firewall hinaus.

Ausrüstung von Tankfarmen und Kavernen

Als Teil der P2X-Supply Chain werden künftig mehr und mehr Tanklager aufgebaut, und das nicht nur als Zwischenlager für z. B. Wasserstoff für Brennstoffzellen. Große Tankfarmen an Industriestandorten der Stahl- oder Zementerzeugung stellen dort Wasserstoff als Rohstoff für Power-to-Gas- oder Power-to-Liquid-Verfahren bereit. Denn dadurch besteht die Chance, das bislang als Abgas anfallende Kohlendioxid mit Wasserstoff zu synthetischen Kohlenwasserstoffen wie Methanol oder Kerosin umzuwandeln. Erneuerbare Kraftstoffe (eFuels), die aus klimaschädlichem CO_2 durch Carbon Capture and Utilization entstehen, gelten im Rahmen des Energiewandels zumindest als Zwischenlösung und wichtiger Baustein der Kreislaufwirtschaft. Noch klimafreundlicher ist die Transformation des im Abgas enthaltenen CO_2 zu chemischen Rohstoffen, sodass es langfristig gebunden wird.

Derartige Tanklager werden von Phoenix Contact bereits seit geraumer Zeit mit SIL-zertifizierten und eigensicheren Produkten – darunter beispielsweise Überfüllsicherungen – sowie modularen Steuerungen ausgestattet. Darüber hinaus wird die Speicherung von Wasserstoff

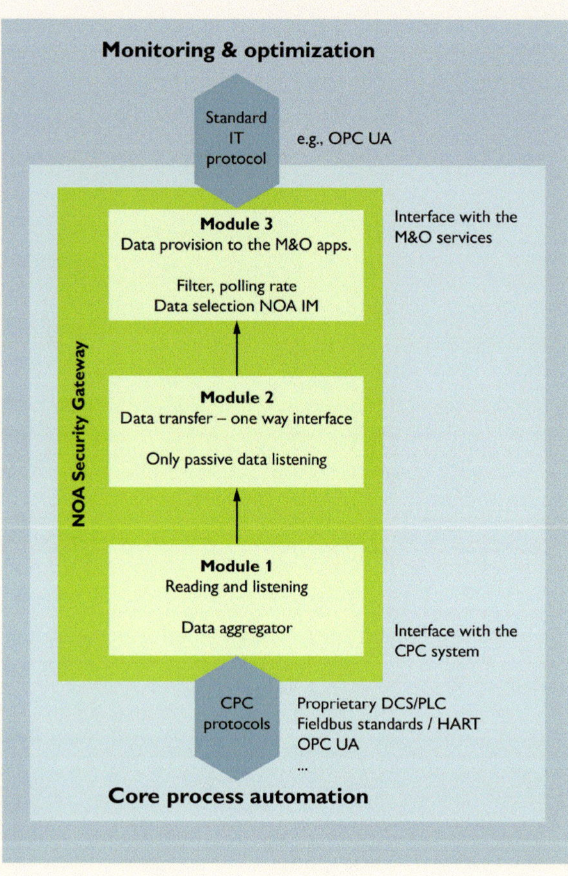

Bild 5: Aufbau des NOA Security Gateways.

in Kavernen, z. B. ehemalige Erdgaskavernen, diskutiert, die ebenfalls automatisierungstechnisch ausgerüstet oder angepasst werden müssen (s. **Bild 6**).

Für das Handling der generierten eFuels trifft selbstverständlich dasselbe wie für herkömmliche Treibstoffe zu: Sie sind explosiv. Bei Transport und Lagerung ist daher den Grundsätzen des Explosionsschutzes zu entsprechen. Zur Automatisierung der benötigten Anlagen sollte ein Anbieter gewählt werden, der über Routine bei der Ausrüstung solcher Prozesse in Gefahrenbereichen und natürlich über die erforderlichen Produkte verfügt. Phoenix Contact hat unter anderem schon Wasserstoff- und Erdgastankstellen automatisiert und dabei auch Safety-Applikationen realisiert.

Redundanz in der Kompressorstation

Bei der Automatisierung von Pipelines, die Kompressorstationen umfassen, hat Phoenix Contact ebenfalls seit langem Erfahrung. Die Power-to-X-Industrie wird neben Pipelines für den Transport verschiedener Gase ebenso Rohrleitungssysteme für die Versorgung von Gebäuden brauchen. Abgesehen von Safety-Lösungen sind hierbei Redundanz-Konzepte gefragt, die die Belieferung bei Ausfall eines Kompressors sicherstellen. Ergänzend zur Automatisierung unterschiedlicher Kompressor-Antriebs-

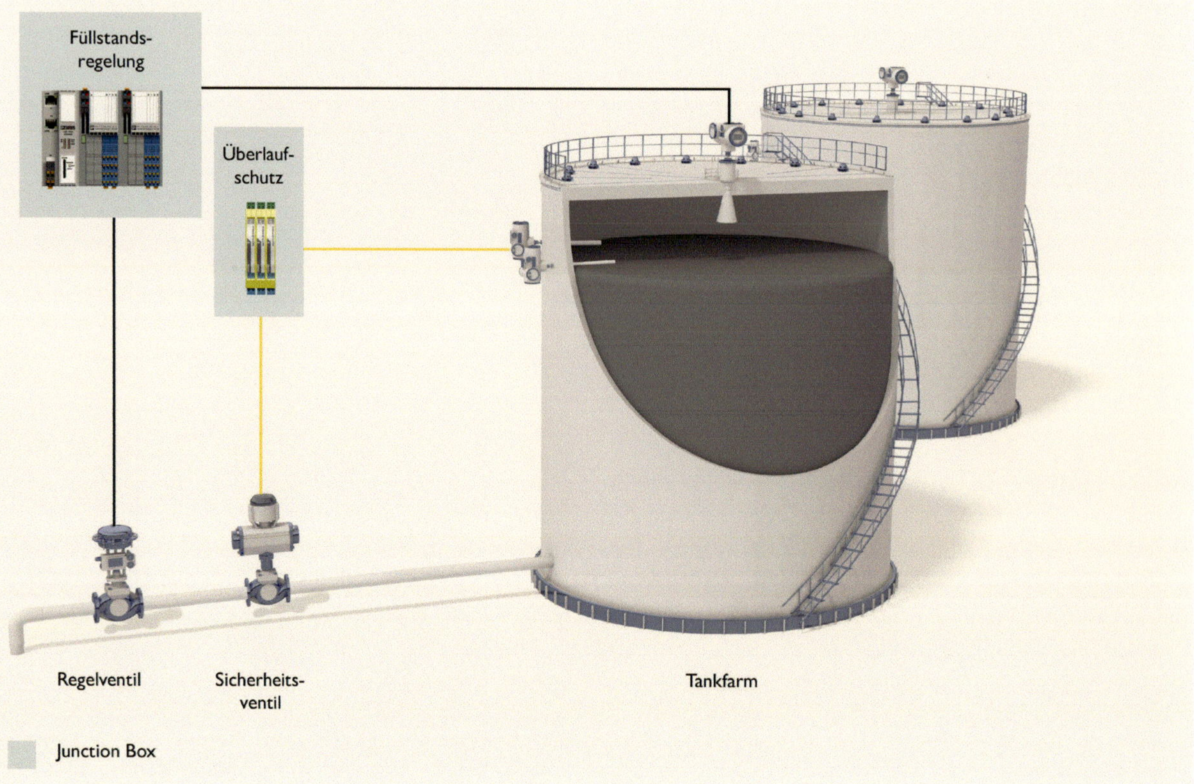

Bild 6: Tanklagerüberwachung im explosionsgefährdeten Bereich mit funktionaler Sicherheit.

systeme – etwa Elektromotoren, Turbinen- oder Kolbenantrieb – sind bewährte und auf den jeweiligen Anwendungsfall zugeschnittene Asset-Monitoring-Lösungen hilfreich für einen störungsfreien Betrieb.

Brennstoffzellen und Elektrolyseure im Fokus

Neben dem Know-how-Transfer von ähnlichen Applikationen in Richtung P2X-Industrie hat sich Phoenix Contact spezifischen neuen Anwendungen gewidmet. Im Rahmen erster Projekte wurden beispielsweise Brennstoffzellen automatisierungstechnisch ausgerüstet. Auch Detail-Optimierungen hat der Anbieter von Automatisierungs- und Konnektivitäts-Lösungen schon umgesetzt: So werden Brennstoffzellen-Stacks bei einem namhaften Hersteller nun auf einfache Weise mit Steckverbindern vom Typ Variocon angeschlossen. Bei 40 I/O-Punkten konnte die Effizienz der Montagelinie deutlich gesteigert werden. Elektrolyseverfahren gehören ebenfalls zu den Prozessen, die Phoenix Contact künftig ausrüsten will. Erste Pilotprojekte dienen dazu, die speziellen Anforderungen derartiger Applikationen zu erörtern. Zu diesem Zweck wurde die komplette Automatisierung einer Pilotanlage übernommen, wobei es gelang, die Leistung erheblich zu erhöhen. Angesichts vieler chemischer Prozessanlagen, die der Hersteller bereits automatisierungstechnisch ausgestattet hat, steht die notwendige Technologie zur Verfügung, um ebenso bei Elektrolyseuren für hohe Verfügbarkeit zu sorgen und damit die Wettbewerbsfähigkeit sicherzustellen. Zur weiteren Reduzierung der Anlagenkosten sind Prinzipien wie Design to Cost zu unterstützen sowie die Kapazitäten hochzufahren. Hier müssen auch die Möglichkeiten der Digitalisierung genutzt werden. In Zukunft könnte z. B. der digitale Zwilling im Rahmen der Prozessoptimierung und -modernisierung herangezogen werden. Die digitale Transformation wird immer neue Wege aufzeigen, um Elektrolyseure sowie zahlreiche weitere Anlagen der P2X-Industrie künftig deutlich leistungsfähiger und deren Produkte folglich kostengünstiger zu machen.

Von der Klemme bis zur Safety-Steuerung

Letztlich hat Phoenix Contact Erfahrungen in nahezu allen Sektoren der P2X-Herstellung, -speicherung und -förderung gesammelt. Neben den geschilderten Applikationen gehören Pumpen- und Kompressoren-Skids, die im Bereich Wasserstoffanlagen eingesetzt werden, zu den realisierten Projekten. Fast das komplette Phoenix Contact-Portfolio findet bei den verschiedenen Applikationen Verwendung: von der Klemme und den Steckverbindern über Stromversorgungen und I/Os bis hin zu Überspannungsschutz-Komponenten, Firewalls, Switches und Safety-Steuerungen.

Blauer Wasserstoff als Brückentechnologie

Auch wenn der Weg zur vollständig klimaneutralen Wirtschaft mit Unterstützung von grünem Wasserstoff noch lang ist: Dieser Weg ist jetzt zu beschreiten. Vor dem Hintergrund des derzeitigen Energiemixes in Deutschland, der von einer hohen Fluktuation der Produktivität von Wind-, Solar- und Wasserenergie geprägt ist, müssen Speichermöglichkeiten geschaffen werden. Noch mehr Windkraft, noch mehr Solaranlagen allein werden die Energiewende nicht realisieren. Nur durch eine immense Steigerung der Speichermöglichkeiten der elektrischen erneuerbaren Energie lassen sich Einbrüche der Produktivität abpuffern und es kann eines Tages gänzlich auf Erdgas verzichtet werden.

Wasserstoff und andere Power-to-X-Produkte nehmen dabei eine Schlüsselstellung ein. Beim Hochfahren der erforderlichen Infrastruktur und Lieferketten wird sicherlich auch sogenannter blauer Wasserstoff als Zwischentechnologie notwendig sein.

Erste Clusterregionen, wie sie beispielsweise die Deutsche Energieagentur (dena) identifiziert hat, verfügen zum Teil bereits über Wasserstoffpipelines. Aktivitäten in der Mobilität werden durch den Ausbau von Wasserstofftankstellen vorangetrieben. Nicht zuletzt bilden die Standorte der Chemieindustrie sowie von Raffinerien die Zentren solcher Cluster, da z. B. Wasserstoff aus fossilen Einsatzstoffen oder fossiles Erdgas durch grünen Wasserstoff respektive synthetisches Methan ersetzt werden können.

Wasserstoff-Pipeline kostengünstiger als Hochspannungsstrasse

Grüner Wasserstoff als künftiger Energieträger wird in einigen Jahren so manche Diskussion über Hochspannungstrassen überflüssig machen. Wasserstoff-Pipelines verlaufen schon quer durch Europa. Der Ausbau dieses Pipeline-Netzes ist nicht nur deutlich kostengünstiger als der des Stromnetzes: Eine Hochspannungstrasse kostet in etwa das Zehnfache einer Pipeline. Sie verschandelt auch nicht das Landschaftsbild bei einem rund zehnfach höheren Leistungstransport. Im Wettbewerb mit Batterien als Energiespeicher ist Wasserstoff ebenfalls unschlagbar. Eine Menge von 6.000 t Tonnen Wasserstoff, die sich in üblichen Salzkavernen problemlos speichern lässt [1], entspräche der Speicherkapazität von Batterietechnik im Wert von 23,6 Milliarden Euro.

Infrastruktur für grünen Wasserstoff aufbauen

Die Extremwetterlagen der letzten Jahre sollten die letzten Zweifler und Verzögerer überzeugt haben. Die Zeit ist reif, die Energiewende vehement zu beschleunigen und in diesem Rahmen auch die Infrastruktur für grünen Wasserstoff als Mittel zur Sektorenkopplung zu erstellen. Denn der Energiebedarf wird keineswegs sinken, selbst wenn alle Einsparungsmöglichkeiten ausgeschöpft werden. Im Gegenteil: Die Digitalisierung und damit verbunden die in immer größerer Zahl entstehenden Data Center werden den Energieverbrauch weiter erhöhen. Die Mobilität und der Warentransport werden aller Voraussicht nach ebenfalls nicht zurückgehen.

Phoenix Contact kann – auf Basis seiner Erfahrung in der Prozessindustrie, unter anderem zu den Themen Cyber Security, Explosionsschutz und Funktionale Sicherheit mit skalierbaren, modularen Lösungen – Anlagenbauer und Errichter der Wasserstoff-Infrastruktur in der P2X-Industrie wirkungsvoll unterstützen. Auf diese Weise wird die Energiewende zur Chance für viele Unternehmen, die Know-how, Tatkraft und Innovationsfähigkeit unter Beweis stellen.

Referenzen

[1] Technologie-Roadmap Stationäre Energiespeicher 2030, [https://www.isi.fraunhofer.de/content/dam/isi/dokumente/cct/lib/TRM-SES.pdf]

Autor

Mathias Füller
Phoenix Contact Electronics GmbH
31812 Bad Pyrmont
info@phoenixcontact.de

Herausgeber
Frank Graf, René Schoof, Markus Zdrallek
gwf edition
Power-to-Gas
Grundlagen – Konzepte – Lösungen
Vulkan Verlag
Auch als e-book erhältlich!
Herausgeber: Frank Graf, René Schoof, Markus Zdrallek
1. Auflage 2021 | 440 Seiten | 119,- €
Artikelnummer: 74455 | eBook: 74462
Ihr Mehrwert:
• Handbuch zur gesamten Wertschöpfungskette
• Konzepte, Elektrolyse, Methanisierung
• Integration von Wasserstoff in das Gasnetz

Reduktion des CO_2-Fußabdrucks in der Wärmebehandlung

Klaus Buchner

Wärmebehandlungsprozesse, Anlagenkonzepte, Beheizungssysteme, Abwärmenutzung, Prozessgas, Einsatzhärten

Unter dem Gesichtspunkt veränderter ökologischer und ökonomischer Rahmenbedingungen gewinnt die Thematik CO_2-Neutralität auch im Bereich der Thermoprozesstechnik zunehmend an Bedeutung. Hierbei gilt es, sowohl den Wärmebehandlungsprozess und das Anlagenkonzept kritisch zu hinterfragen, als auch konkrete Antworten im Hinblick auf die Anlagentechnik zu geben. Im Rahmen dieses Beitrags sollen die Schwerpunkte Beheizung, Abwärmenutzung sowie der Aspekt des Prozessgases näher beleuchtet werden.

Reduction of the CO_2 footprint in heat treatment

From the point of view of changing ecological and economic conditions, the issue of CO_2 neutrality is also becoming increasingly important in the field of thermoprocessing technology. In this context, the heat treatment process and the plant concept must be critically scrutinized, and concrete answers must be given regarding the plant technology. This article will take a closer look at heating, waste heat utilization and the aspect of process gas.

Unsicherheiten in der Energieversorgung und steigende Energiekosten führen uns die Problematik der Abhängigkeit von fossilen Energieträgern drastisch vor Augen. Dies unterstreicht die Herausforderungen der globalen Klimaerwärmung, die zentrale Aufgabe unserer Zeit, die es zu lösen gilt. Seitens der europäischen Politik wurden bereits erste Maßnahmen zur Energiewende umgesetzt und auch der Sektor der Wärmebehandlung muss sich diesbezüglich seiner Verantwortung stellen. Hierbei zeigt sich, dass es einer Vielzahl sich ergänzender Maßnahmen bedarf, die sowohl auf Neuanlagen als auch auf Bestandsanlagen im Bereich der thermischen bzw. thermochemischen Wärmebehandlung übertragbar sind.

Wärmebehandlungsprozesse und Anlagenkonzepte

Der erforderliche Wärmebehandlungsprozess ergibt sich aufgrund der Anforderungen an das Bauteil in Abhängigkeit vom eingesetzten Werkstoff. Erweisen sich hierbei unterschiedliche Konzepte hinsichtlich der erzielbaren Bauteileigenschaften als gleichwertig, so war – bis dato – primär der ökonomische Aspekt entscheidend, kaum jedoch der CO_2-Fußabdruck. Weiterentwicklungen im Bereich der Werkstofftechnik sowie steigende Energiekosten ermöglichen veränderte Prozessrouten in der Fertigung. Am Beispiel des Vergütens aus der Schmiedehitze für Schmiedeteile im Automobilbau ohne neuerliche Erwärmung zeigt sich, welch signifikantes Einsparungspotenzial hinsichtlich Energie und CO_2-Emissionen gegeben ist. Wenngleich die verminderte Zähigkeit/Kerbschlagarbeit beim Vergüten aus der Schmiedehitze aufgrund des gröberen Austenitkorns teilweise durch Nb-mikrolegierte Stähle und durch anlassbeständigere Stähle verbessert wird, so ist es fallweise bei der Prozessumstellung notwendig, Stähle mit modifizierten Legierungskonzepten einzusetzen [1, 2]. Weiterhin können auch AFP-Stähle (ausscheidungshärtende ferritisch perlitische Stähle) und bainitisch lufthärtende Stähle interessante Alternativen darstellen – das Wiedererwärmen, ein energieintensiver Zwischenschritt, entfällt.

Vergleichbare Überlegungen sind auch beim Direkthärten anstelle des Einfachhärtens in Kombination mit Aufkohlungsprozessen wegen des Wegfalls des neuerlichen Austenitisierens gegeben. Aufgrund der Maß- und Formänderungen infolge der Wärmebehandlung müssen verzugsempfindliche Teile häufig in Fixturen abgeschreckt werden. Oftmals werden die Wärmebehandlungsteile in Mehrzweck-Kammeröfen oder kleinen, kontinuierlichen Anlagen aufgekohlt, langsam unter Schutzgas abgekühlt, anschließend in einem Drehherdofen wiedererwärmt und in einer Härtepresse abgeschreckt. Im Gegensatz dazu ermöglichen Ringherdofenanlagen Aufkohlung und nachfolgende Direkthärtung in der Härtepresse in einem Behandlungsschritt. **Bild 1** zeigt ein typisches Ringherdofenkonzept für die Wärmebehandlung von 500.000 Tellerrädern/Jahr aus der CHD-Gruppe 1 mm (CHD … core hardness depth).

Im Vergleich zur Kammerofenvariante (bestehend aus 4 Einkammeröfen, 1 Drehherdofen mit Härtepresse und 2 Anlassöfen sowie 2 Schutzgaserzeugern) können dadurch bis zu 25 % der CO_2-Emissionen eingespart werden. Unter Berücksichtigung der reduzierten Gesamtdurchlaufzeit sowie des optimierten Personalaufwandes ergeben sich somit reduzierte Wärmebehandlungskosten in der Größenordnung von 20-25 %.

An dieser Stelle sei auch auf den Aspekt der Hochtemperaturaufkohlung verwiesen, wenngleich der Begriff als solches normativ nicht definiert ist. Mit zunehmender Temperatur steigt die Diffusionsgeschwindigkeit und es kommt zu einer Verkürzung der Prozesszeit. Wie aus **Tabelle 1** ersichtlich, ist der zusätzliche Energiebedarf jedoch geringer als die erzielbare Steigerung der Durchsatzleistung, sodass der relative Energiebedarf pro kg Wärmebehandlungsgut mit steigender Prozesstemperatur abnimmt. Beim Hochtemperaturaufkohlungsprozess gilt es primär drei wesentliche Aspekte zu berücksichtigen:

- Werkstoff: Feinkornstabilisierte Stähle sind die Voraussetzung für die Direkthärtung bei Temperaturen von bis zu 1.000 °C, wobei Mikrolegierungen von Nb, Ti and N sowie ein entsprechendes Ausgangsgefüge der Stähle das Wachstum der Austenitkörner reduzieren und Aufkohlungstemperaturen bis zu 1.050 °C über mehrere Stunden ermöglichen.
- Anlagentechnik: Neben den generellen Aspekten der adaptierten Anlagentechnik (Heizleistung, Isolier- und Dämmstoffe sowie Durchführungen, …) gilt es ausfallkritische Bauteile hinsichtlich des zusätzlichen Verschleißes sorgsam zu beurteilen, wobei Condition Monitoring Tools die Instandhaltung diesbezüglich unterstützen können.
- Bauteilverzug: Speziell bei einer hängenden Chargierung von dünnwandigen Ringen erweisen sich experimentelle und numerische Simulationen im Vorfeld als sinnvoll, um einen etwaig erhöhten Verzug abschätzen zu können bzw. gegebenenfalls Maßnahmen zu setzen.

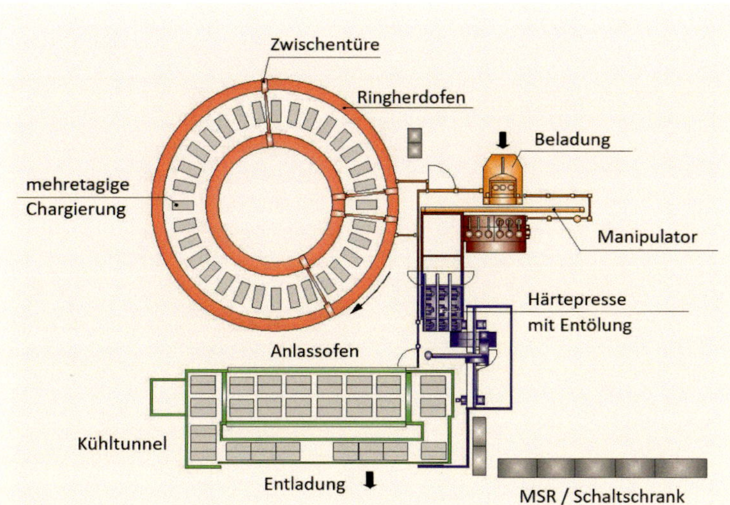

Bild 1: Ringherdofenanlage zum Gasaufkohlen mit Härtepresse

Beheizungssysteme

Ausgehend von einer Energiebilanz, welche die Energieströme und vorzugsweise auch die Temperaturniveaus berücksichtigt, zeigt sich, dass dem Beheizungssystem eine signifikante Rolle zukommt. Neben dem offensichtlichen Abgasverlust im Falle einer gasbeheizten Thermoprozessanlage gilt es, den tatsächlichen CO_2-Fußabdruck kritisch zu hinterfragen. Oftmals werden im Falle von Erdgas die vorgelagerten Prozessketten hinsichtlich der CO_2-Belastung ver-

Tabelle 1: Einsparungspotenzial bei erhöhter Prozesstemperatur beim Gasaufkohlen (Durchstoßofenanlage, $20MnCr_5$, CHD-Gruppe 1 mm (CHD … core hardness depth))

Prozesstemperatur [°C]	930	950	980	1.000
Kohlenstoffpegel [%C]	1,1	1,2	1,3	1,35
Prozesszeit [Minuten]	385	330	280	260
Durchsatzleistung [%]	100	123	151	167
Energieverbrauch [%]	100	110	125	135
relativer Energieverbrauch [% kg]	100	89	83	81

Bild 2: Rekuperatorbrenner mit SCR-System zur NO_x-Reduktion

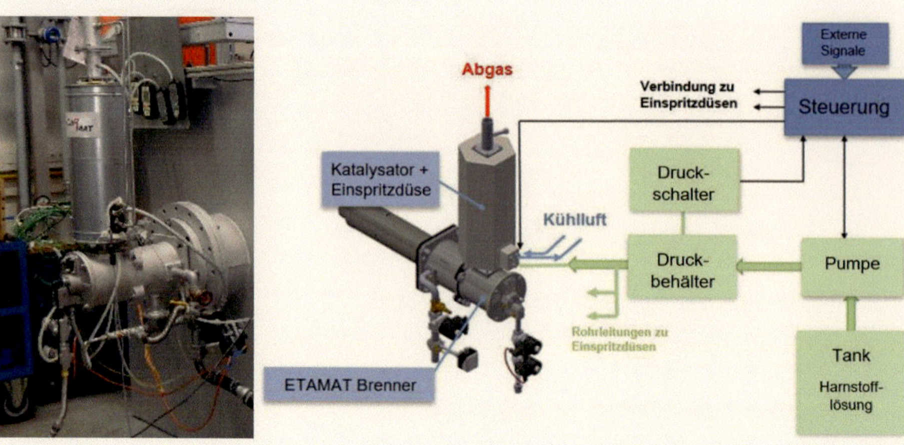

nachlässigt, doch die Unterschiede in der Gasaufbereitung, welche direkt mit den Lagerstätten verbunden ist, und im Gastransport können signifikant sein [3]. Wesentlich bedeutsamer ist jedoch die Beurteilung der Energieressourcen im Falle von elektrischen Beheizungssystemen. Hierbei ergeben sich spezifische CO_2-Emissionen zwischen 30-60 gCO_2eq/kWh (regenerativ basierter Strommix) und 500-700 gCO_2eq/kWh (Kohle basierter Strommix). Somit ist ein verallgemeinerter Vergleich zwischen Erdgasbeheizung und elektrischer Beheizung hinsichtlich des CO_2-Fußabdrucks oftmals irreführend.

Dennoch gilt es im Falle der Gasbeheizung, den Aspekt der Verbrennungsluftvorwärmung hervorzuheben, da dieser einen signifikanten Einfluss auf den feuerungstechnischen Wirkungsgrad hat. Die technischen Möglichkeiten diesbezüglich sind hinlänglich bekannt und umfassen sowohl Systeme mit zentraler Luftvorwärmung als auch dezentrale Konzepte; hierbei bilden der Brenner und der Wärmetauscher eine Einheit. Oftmals sind Rekuperatorbrenner in Kombination mit Strahlheizrohren im Bereich der thermochemischen Wärmebehandlung anzutreffen. Auch im Hinblick auf den Einsatz von Sauerstoffbrennern ist festzuhalten, dass mit zunehmender Verbrennungstemperatur bzw. Temperaturspitzen die Bildung von thermischen Stickoxiden ansteigt. Als Abhilfe kann neben der gestuften Verbrennung gezielt auf die „flammlose Verbrennung", charakterisiert durch eine definierte interne Rezirkulation, aber auch auf die selektive katalytische Reduktion (SCR) zurückgegriffen werden. Letztere Sekundärmaßnahme ist im Kraftwerksbau, neben der selektiven nicht katalytische Reduktion (SNCR), seit Jahrzehnten als Stand der Technik anzusehen und hat durch die Anwendung im Automobilbereich allgemeine Bekanntheit erlangt. Dieses System kann auch auf Einzelbrenner übertragen werden (**Bild 2**). Damit können die NO_x-Emissionen in Abhängigkeit von der Harnstoffeinspeisung bis auf 30 mg/Nm^3 (5 % Bezugssauerstoff) prozesssicher abgesenkt werden, solange die Abgastemperatur im Bereich von 200/250 °C bis 400/450 °C liegt [4].

Ob eine elektrische Beheizung eine sinnvolle Alternative darstellt, hängt einerseits vom vorab skizzierten Strommix ab, andererseits können konstruktive Gegebenheiten einer Thermoprozessanlage platzlimitierend hinsichtlich der zu installierenden elektrischen Heizleistung sein. Neben diesen technischen Aspekten gilt es, auch die Versorgungssicherheit und die Energiekostenentwicklung zu berücksichtigen – beides wird durch politische Rahmenbedingungen maßgeblich beeinflusst. **Bild 3** zeigt exemplarisch den spezifischen CO_2-Fußabdruck je kg Wärmebehandlungsgut mit den signifikanten Verlusten anhand des Beispiels eines Kammerofenkonzepts in den Varianten Doppelkammer- bzw. Einkammerofen elektrisch- (E) und gasbeheizt (G). Für die elektrische Beheizung wurde ein Strommix mit fossilem Schwerpunkt von 485 gCO_2/kWh zugrundegelegt. Hierbei wird erneut deutlich, dass eine verallgemeinerte Aussage hinsichtlich der CO_2-Emissionen nicht zulässig ist, vielmehr gilt es, die Randbedingungen kritisch zu hinterfragen.

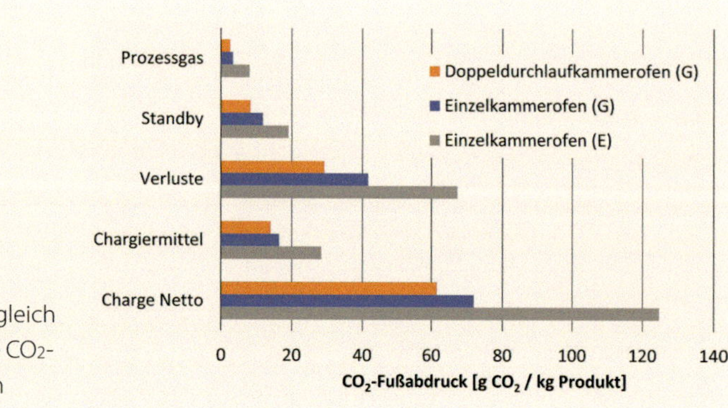

Bild 3: Vergleich spezifische CO_2-Emissionen

Abwärmenutzung – Stärken und Schwächen des Systems

Wenngleich Verbesserungen von Wärmebehandlungsprozessen, Anlagenkonzepten sowie Anlagenkomponenten hinsichtlich Energieeffizienz die Basis einer rationellen Energienutzung darstellen, so gilt es aus ökologischer Sicht, den Gesamt-CO_2-Fußabruck zu betrachten. Eine Energieflussanalyse der Thermoprozessanlage inklusive aller Nebenaggregate zeigt den kompletten Energieverbrauch und damit das mögliche Einsparungspotenzial auf. Sehr oft jedoch schließt das jeweilige Temperaturniveau, aber auch die zeitlichen Abhängigkeiten, eine direkte anlageninterne Wärmerückgewinnung – mit einem wirtschaftlich vertretbaren Investitionsaufwand – aus. In diesem Fall sind anlagenübergreifende Lösung anzustreben, die jedoch ein abteilungsübergreifendes Handeln voraussetzen, aber andererseits größere Potenziale bieten.

Neben den klassischen Methoden der direkten Abwärmenutzung mittels Wärmetauscher, auch in Kombination mit Wärmespeichern, kann die indirekte Wärmenutzung unter Einsatz weiterer Energie das Temperaturniveau der Abwärme senken bzw. heben (Kältemaschinen bzw. Wärmepumpen) oder die Abwärme in Strom überführen. Nachfolgende Übersicht (**Tabelle 2**) gibt Anhaltswerte bezüglich Leistungsklasse und Temperaturniveau zu den angeführten alternativen Technologien.

Prozessgas beim atmosphärischen Einsatzhärten

Durch das Einsatzhärten – ein thermochemisches Verfahren, welches aus dem Aufkohlen und dem anschließenden Härten besteht – erhalten Werkstücke unterschiedliche Gefüge über den Querschnitt; wesentlich dabei ist die hohe Härte / Festigkeit im Randbereich. Hierbei kann zwischen dem Niederdruckaufkohlen in Vakuumanlagen und dem atmosphärischen Aufkohlen bei Normaldruck unterschieden werden. Beide Prozesse zeichnen sich durch unterschiedliche Vor- und Nachteile aus, wobei die atmosphärische Wärmebehandlung das dominierende Verfahren ist. Hinsichtlich des CO_2-Fußabdrucks weist die atmosphärische Wärmebehandlung aufgrund des Prozessgasverbrauchs einen Schwachpunkt auf. Um diesem entgegenzuwirken, gilt es, folgende Aspekte zu berücksichtigen: thermische Nutzung des Prozessgases: indirekt mittels Wärmetauscher oder direkt durch Schwachgasverbrennung (Downcycling) – Wiederaufbereitung des Prozessgases (Recycling) – Reduktion des Prozessgasverbrauchs durch optimierte Prozessführung und Nutzung CO_2-neutraler Medien (Vermeidung). Im Rahmen dieses Beitrags wird der Schwerpunkt der Vermeidung durch Optimierung des Prozessgasverbrauchs und durch den Einsatz von CO_2-neutralen Medien näher betrachtet.

Üblicherweise werden Wärmebehandlungsanlagen noch immer mit konstanten Prozessgasmengen betrieben, die sich an den ungünstigsten Verhältnissen orientieren. Prozessleitsysteme bieten jedoch die Möglichkeit, die aktuellen Prozessgasmengen an den tatsächlichen Bedarf anzupassen. Eine Basis dafür bieten die Arbeiten von Wyss [7]. Im Rahmen einer Untersuchung an einer industriellen Kammerofenanlage konnte für einen ausgewählten Aufkohlungsprozess eine Einsparung von 40 % Prozessgas nachgewiesen werden. Bei diesem Wärmebehandlungsprozess mit einer Einsatzhärtungstiefe von 2 mm wurde die bis dato verwendete konstante Begasungsmenge von 18 m^3/h auf 16 m^3/h für die erste Prozessphase reduziert, nach drei Stunden erfolgte eine weitere Reduktion auf 8 m^3/h. **Bild 4** zeigt die Analyse der Gasatmosphäre, wobei durch die Reduktion der Begasungsmengen ein Anstieg der H_2-Konzentration festgestellt werden konnte. Hinsichtlich des Wärmebehandlungsergebnisses konnte trotz dieser deutlichen Reduktion der Prozessgasmenge (und der damit verbun-

Tabelle 2: Übersicht zur alternativen Abwärmenutzung [5, 6]

Kompressionswärmepumpe	10 bis 20 MW	bis 50 °C / bis 65 °C (90 °C)	Leistungszahl 3 bis 5
Absorptionswärmepumpe	10 bis 20 MW	bis 200 °C / bis 65 °C (90 °C)	Heizzahl 1,4 bis 2,2
Absorptionswärmepumpe	5 bis 500 kW	bis 90 °C / bis 100 °C (300 °C)	Heizzahl 1,3 bis 1,6
Absorptionskältemaschine	10 bis 10 MW	ab 70 °C / 5 bis -10 °C (-20 °C)	Leistungszahl 0,5 bis 0,8
Absorptionskältemaschine	10 bis 500 kW	60 bis 85 °C / 5 bis 10 °C	Leistungszahl 0,6 bis 0,7
Dampfkraftprozess	ab 20 kW (50 kW)	ab 200 °C	Wirkungsgrad ab 10 %
ORC-Prozess	30 bis 3 MW	ab 110 °C	Wirkungsgrad 5 bis 15 %
Stirlingmotor	10 bis 250 kW	650 bis 1.100 °C	Wirkungsgraf 10 bis 20 %

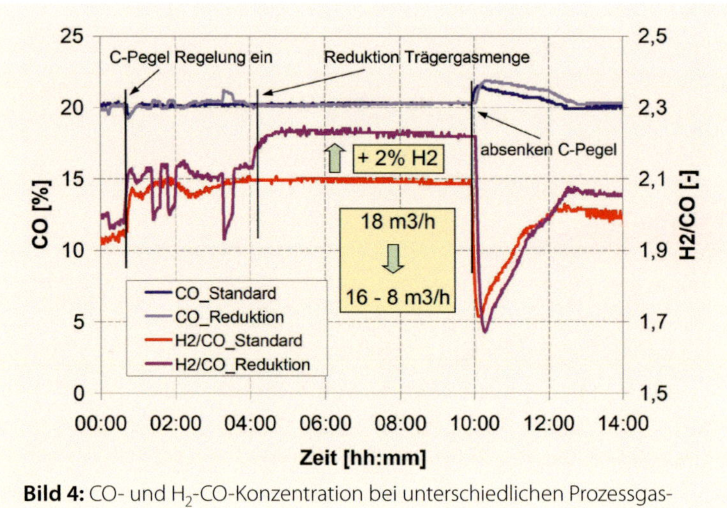

Bild 4: CO- und H_2-CO-Konzentration bei unterschiedlichen Prozessgasmengen

denen reduzierten CO_2-Emissionen) kein signifikanter Unterschied im Aufkohlungsergebnis festgestellt werden. Die Unterschiede in den Kohlenstoffprofilen liegen im Bereich der zu erwartenden Messunsicherheit.

Darüber hinaus gilt es jedoch, den CO_2-Fußabdruck des Prozessgases grundsätzlich zu hinterfragen. Großtechnisch haben sich Prozessgase im Bereich der atmosphärischen Gasaufkohlung auf Basis von Endogas, welches durch katalytische Umsetzung von Erdgas oder Propan mit Luft bei 1.000-1.050 °C erzeugt wird, und von Stickstoff/Methanol durchgesetzt. Noch basiert die Herstellung von Methanol zumeist auf fossilen Rohstoffen (primär Erdgas oder Kohle), letztgenannter Energieträger kommt vorwiegend in China zum Einsatz. Wenngleich alternative CO_2-neutrale Verfahren bezüglich der partiellen Erdgassubstitution – Stichwort „Power-to-Gas" (P2G) oder „synthetic natural gas (SNG)" – bereits erfolgreich in Pilotanlagen nachgewiesen wurden, kann man hier in keinster Weise von einer industriellen Durchdringung sprechen. Ein durchaus industrieller Maßstab ist jedoch im Bereich der Bio-Methanol-Synthese gegeben, bis dato sprechen jedoch rein ökonomische Überlegungen dagegen, da die CO_2-Emissionen noch immer ausgeblendet werden. Der Fragestellung des Einsatzes von Bio-Methanol in der atmosphärischen Gasaufkohlung wurde im Rahmen von Untersuchungen an einer Kammerofenanlage nachgegangen. Eine Standardcharge mit Wärmebehandlungsteilen aus der CHD-Gruppe 0,4 mm (CHD … core hardness depth) wurde dabei als Referenz herangezogen. Anschließend wurde der Wärmebehandlungsprozess mit identen Prozessparameter unter der Verwendung von Bio-Methanol anstelle des üblichen Methanols auf Basis fossiler Energieträger wiederholt. Sowohl die Laboranalysen der Methanolproben als auch die Messungen der Prozessgasatmosphäre während des Wärmebehandlungsprozesses sowie die Beurteilung der Probeteile hinsichtlich des Kohlenstoffprofils beim Aufkohlungsprozess zeigten keinen signifikanten Unterschied zwischen den unterschiedlichen Methanoltypen. Wenngleich dies keine Langzeiterfahrung darstellt, unterstreichen diese Ergebnisse die grundsätzliche Möglichkeit der Mediensubstitution und die Nutzung CO_2-neutralen Methanols.

Fazit

Die Herausforderungen der globalen Klimaerwärmung – verstärkt durch den ökonomischen Druck steigender Energiekosten – annehmend, konnte ihm Rahmen dieses Beitrags gezeigt werden, welches Energieeinsparungspotenzial im Bereich der Thermoprozessanlagen gegeben ist. Neben bereits bekannten Lösungsansätzen gilt es, die Möglichkeiten der Industrie 4.0 auch in diesem Industriebereich zu nutzen. Somit kommt die Wärmebehandlung dem Ziel eines CO_2-neutralen Prozesses im Sinne der Scope 1-2-3 Emissionen unter den gegebenen Randbedingungen einen wesentlichen Schritt näher.

Literatur

[1] Wegner, K.-W.: Werkstoffentwicklung für Schmiedeteile im Automobilbau. ATZ, Automobiltechnische Zeitschrift 100 (1998) 12, S. 918-927

[2] Bleck, W.; Moeller, E.: Handbuch Stahl, Anwendung. München: Carl Hanser Verlag, 2018

[3] Köppel, W.; Degünther, C.: Bewertung der Vorkettenemissionen bei der Erdgasförderung in Deutschland. Dessau-Roßlau: Umweltbundesamt, 2018

[4] Uhlig, J.; Wolf, M.: Wirkungsgradsteigerung und NOx-Reduzierung im Anlagenbestand. 3.Aachner Ofenbau- und Thermoprozess Kolloquium, Aachen, 2021

[5] Technologie der Abwärmenutzung. Sächsische Energieagentur – SAENA GmbH, 2. Auflage, 2016

[6] Brandstätter, R.: Industrielle Abwärmenutzung. Amt der OÖ Landesregierung, 1. Auflage, 2008

[7] Wyss, U.: Verbrauch an Trägergas bei der Gasaufkohlung. HTM 38 (1983) 1, S. 4-9

Autor

Dr. **Klaus Buchner**
Aichelin Holding GmbH
Mödling, Österreich
+43 2236 23646 384
klaus.buchner@aichelin.com

Vorsprung durch Innovation: Feuer und Flamme für Forschung

Thomas Schneidewind

Schlagwörter: Digitalisierung, Dekarbonisierung, Additive Fertigung

Investitionen in Forschung und Entwicklung sind eng mit der Wettbewerbsfähigkeit verknüpft: Insbesondere die beiden Megatrends Dekarbonisierung und Digitalisierung sind die Treiber in der Entwicklung neuer Produkte und Projekte. Unternehmen der Thermoprozesstechnik bleiben nur dann erfolgreich, wenn sie ihren technologischen Vorsprung durch Innovationen ausbauen.

Advance through innovation

Investment in research and development is closely linked to competitiveness. Decarbonization and digitalization are the drivers in the development of new products and projects. Companies in the thermoprocessing industry will only remain successful if they extend their technological lead through innovation.

In Renningen bei Stuttgart entwickelt und produziert die WS Wärmeprozesstechnik GmbH energieeffiziente Industriebrenner für den Weltmarkt. Bei einem Besuch in den Werkshallen wird deutlich, was den Erfolg ermöglicht: Hier sind Erfinder am Werk, die ihr Produkt kontinuierlich verbessern. Im Mittelpunkt stehen dabei schadstoffarme Verbrennungsprozesse.

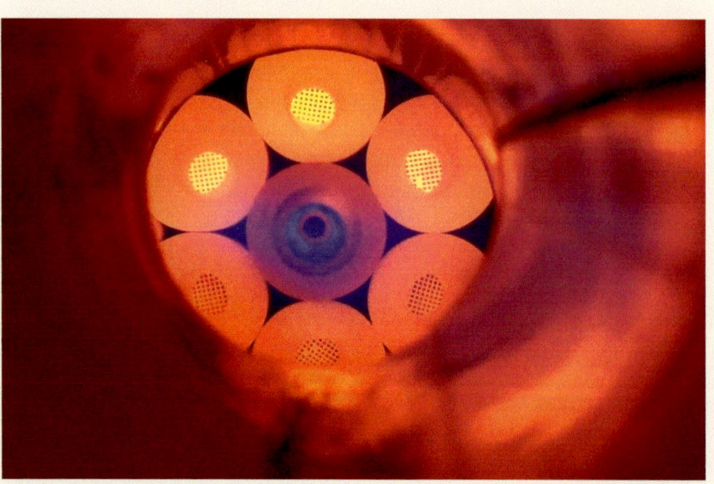

Bild 1: Flammenlose Oxidation: Regeneratorbrenner in einem Strahlheizrohr; ein FLOX® Brenner wird in dieser Aufnahme im Flammenmodus betrieben

Das Unternehmen hat sich auf energiesparende Gasbeheizungssysteme für Industrieöfen spezialisiert. Bereits im Jahr 2011 hat die WS Wärmeprozesstechnik GmbH den Deutschen Umweltpreis der Deutschen Bundesstiftung Umwelt (DBU) erhalten. Ausgezeichnet wurde das Unternehmen für seine Verbrennungstechnik, die in den energieintensiven Schlüsseltechnologien weltweit eine effizientere Energieverwendung und deutliche Emissionsminderungen ermöglicht. Im Mittelpunkt steht dabei das Verfahren der flammenlosen Oxidation (FLOX®). Mit einer ausgeklügelten Durchmischung von Brenngas, Brennluft und rückzirkulierendem Abgas erfolgt eine Verbrennung ohne Flamme. Viele Kunden setzen auf die Brennertechnologie von WS. Von dem Rekuperatorbrenner REKUMAT hat das Unternehmen in 39 Jahren rund 100.000 Stück verkauft – und dies in verschiedenen Ausführungsvarianten. „Unser Anspruch bei WS ist es, Lösungen anbieten zu können, die über einen breiten Temperaturbereich zuverlässig NO_x-Werte unterhalb von 100 mg/Nm^3 erreichen. Und dies bei einem gleichzeitig sehr hohen feuerungstechnischen Wirkungsgrad von über 80 %. Unsere Lösungen sind bereits heute gerüstet für die Zukunft grüner Brennstoffe", sagt Dr.-Ing. Joachim G. Wünning, Geschäftsführer der WS Wärmeprozesstechnik GmbH.

Auch neue Geschäftsfelder sind ein wichtiger Bestandteil der Entwicklung des Unternehmens. Joachim G. Wünning hat gemeinsam mit weiteren Partnern die BtX energy GmbH im bayerischen Hof gegründet. Mit dem Ansatz, Wasserstoff aus Biogas zu gewinnen, hat das Unternehmen ein Konzept entwickelt, das die dezentrale Erzeugung von Wasserstoff ermöglicht. Ein neues Unternehmen, ein neuer Markt: Insbesondere für den Brennerhersteller ist es wichtig, sich mit grünen Gasen und nachhaltiger Wärmeerzeugung auseinanderzusetzen und hier auch frühzeitig neue Produkte auf den Markt zu bringen.

Bild 2: Joachim G. Wünning, Geschäftsführer der WS Wärmeprozesstechnik GmbH, setzt auf die Zusammenarbeit mit Hochschulen und Instituten

Forschung ist das Fundament des Erfolgs

Mehr als 8 Mrd. € hat der Maschinen- und Anlagenbau in Deutschland im Jahr 2019 für Forschung & Entwicklung ausgegeben. Laut aktueller Erhebung des Stifterverbands ist dies ein Plus von 5,8 % im Vergleich zum Vorjahr und damit ein neuer Höchststand. Die Zahl der Beschäftigten in der Forschung und Entwicklung lag im Jahr 2019 bei knapp 53.000 - ein Zuwachs von gut 5 % und damit ein neuer Rekord.

„Die Zahlen belegen, dass der mittelständische Maschinen- und Anlagenbau einer der wichtigsten Innovationstreiber der Industrie ist. Die Unternehmen beherrschen die Produktionswelten und sind Lösungsgeber für die gesamte Volkswirtschaft - energieeffizient, nachhaltig und hochinnovativ", erklärt Hartmut Rauen, stellvertretender VDMA-Hauptgeschäftsführer, anlässlich der Veröffentlichung der neuen Stifterverbandszahlen.

Laut aktuellen Erhebungen ist der Stellenwert der Forschung und Entwicklung in den meisten Unternehmen der Branche auch während der Corona-Pandemie auf hohem Niveau geblieben. Was das Thema Digitalisierung betrifft, haben die Geschwindigkeit der Entwicklung in der Forschung und die damit verbundenen Ansprüche noch deutlich zugenommen.

Vor allem die beiden Megatrends Dekarbonisierung und Digitalisierung prägen die Forschungslandschaft. Dies zeigen auch die aktuellen Projekte vieler Forschungsinstitute und der Forschungsgemeinschaft Industrieofenbau e.V..

„Für Deutschland mit seiner leistungsfähigen Wirtschaft ist eine leistungsfähige Forschung essentiell, nur mit kontinuierlicher Innovation werden wir im globalen Wettbewerb bestehen können", mahnt Hansjochen Oertel, Vorsitzender der Forschungsgemeinschaft Industrieofenbau e.V. (FOGI) im VDMA Metallurgy. In der FOGI sind führende Industrieofenbauer vertreten, die gemeinsam an neuen Forschungsprojekten arbeiten.

Auch für Harald Berger von der Aichelin Gruppe, einem der führenden Hersteller von Wärmebehandlungsanlagen mit weltweit rund 1.100 Mitarbeitern, ist die Forschung und Entwicklung von entscheidender Bedeutung für den internationalene Erfolg der Gruppe:

„Forschung und Entwicklung auf der Basis von Kundenanforderungen und Markttrends war und ist für die Aichelin Gruppe immer wichtig, um die aktuellen Herausforderungen, wie Dekarbonisierung, Elektromobilität und Ressourcenschonung an führender Position mitzugestalten", betont Berger, der für die Marktkommunikation verantwortlich ist und seit Jahrzehnten bei dem Unternehmem mit Sitz im österreichischen Mödling arbeitet.

Additive Fertigung bietet neue Möglichkeiten

Allein in Deutschland sind rund zwei Millionen gasbetriebene Industriebrenner im Einsatz. Mit diesen Brennern emittieren Stahlwerke, Lackieranlagen, Großbäckereien, Maschinenbauer und andere Unternehmen rund ein Sechstel des jährlichen Kohlendioxidausstoßes und emittieren große Mengen an Stickoxiden. In der Technischen Anleitung zur Reinhaltung der Luft – der sogenannten TA Luft – sind die Abgas-Grenzwerte für die Industrie festgelegt.

Um die Emissionen zukünftig zu reduzieren, nutzt Jens te Kaat, Geschäftsführer der Firma von Kueppers Solutions, die additive Fertigung zur Herstellung energieeffizienter Brenner. Im Jahr 2019 hat KueppersSolution auf der Messe THERMPROCESS die Neuentwicklung einer 3D-gedruckten Mischeinheit vorgestellt. Das Unternehmen ist im gleichen Jahr für diese technische Entwicklung als „Top Innovator 2019" ausgezeichnet worden. „Wir sind sehr stolz, einen Beitrag leisten zu können, um Verbrennungsprozesse in der Industrie umweltfreundlicher zu gestalten",

Bild 3: Jens te Kaat, Geschäftsführer der Kueppers Solutions GmbH, setzt auf additive Fertigung, um Verbrennungsprozesse zu optimieren.

betont Geschäftsführer Jens te Kaat. Der additiv gefertigte Rekuperatorbrenner (kurz AdReku), der Abwärme nutzt, um die Brenngase effizienzsteigernd vorzuwärmen, erzielt beim Vorwärmen der Verbrennungsluft einen Wirkungsgrad von über 80 %. Möglich macht dies eine innovative Materialkombination und eine komplexe Geometrie im Rekuperator, die im 3D-Druck entsteht. Ein 3D-Druck-Gasmischsystem verhindert zudem übermäßig ansteigende Stickoxidwerte im Abgas. Der Brennstoffbedarf sowie der Emissionsausstoß industrieller Thermoprozessanlagen kann so erheblich gesenkt werden. Messreihen am Gas- und Wärme-Institut Essen (GWI) haben die Parameter nachgewiesen.

Die Einsatzfelder sind vielfältig: Im 2021 gestarteten Forschungsprojekt OptiLBO wollen das Gas- und Wärme-Institut Essen, die Georgsmarienhütte Holding, Kueppers Solutions und Küttner Automation die sekundäre Stahlherstellung deutlich effizienter und nachhaltiger gestalten. Stahlwerke in ganz Deutschland produzieren jährlich rund 12 Mio. t Sekundärstahl. Wird der dafür benötigte Energieverbrauch um 20 % reduziert, spart dies etwa 120 GWh Energie und 20.700 t CO_2. Das entspricht der Energiemenge, die mehr als 4.000 durchschnittliche Einfamilienhäuser verbrauchen. In dem Projekt OptiLBO betrachten die Forschenden deshalb den Herstellungsprozess im Elektrolichtbogenofen. Anwendungsbeispiel ist das Stahlwerk Bous im Saarland der Projektpartnerin Georgsmarienhütte Holding. Hier sollen innovative Brennersysteme und eine intelligente Steuerung dazu beitragen, um bis zu 25 % weniger Erdgas zu verbrauchen. Mithilfe der verbesserten Technologie ließen sich dann in einem Jahr rund 5 GWh Energie und fast 900 t CO_2 einsparen, wie die Forschenden berechnet haben.

Wasserstoff – der Energieträger der Zukunft

Die Dekarbonisierung ist neben der Digitalisierung der wichtigste Motor für die Innovation im metallurgischen Anlagenbau. Spätestens im Jahr 2045 soll der Energieträger Wasserstoff die Kohle und das Erdgas in der Thermoprozesstechnik und der Stahlherstellung ersetzen.

Die zukünftigen Veränderungen des Energieträgers Gas durch den Ersatz oder die Zumischung von Wasserstoff haben erhebliche Auswirkungen auf Auslegung, Konstruktion und Sicherheitstechnik von industriellen Feuerungssystemen. Im Rahmen einer Metastudie der FOGI sollen die bekannten Fakten zusammengetragen werden. Im Ergebnis wollen die Forscher sowohl Handlungsempfehlungen für den Anlagenbau als auch eine Roadmap für neue Entwicklungsziele geben.

Eines ist sicher: Die Innovationsgeschwindigkeit wird in den kommenden Jahren zunehmen müssen, da das Ende fossiler Energieträger längst eingeläutet worden ist.

Autor

Thomas Schneidewind
Vulkan-Verlag GmbH
Essen
0201 / 82002-36
t.schneidewind@vulkan-verlag.de